动物极限

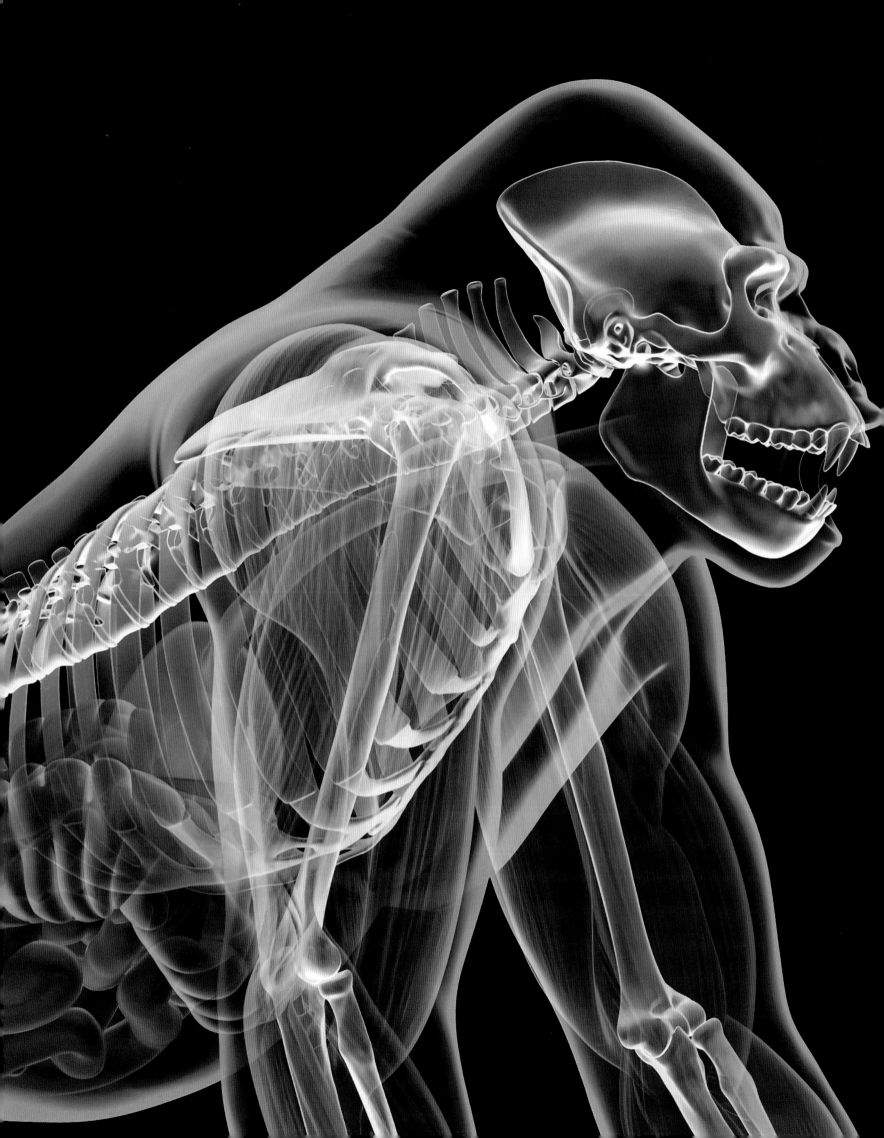

DK儿童极限百科全书

动物极限

A DORLING KINDERSLEY BOOK

编著 德里克·哈维

译者 陈超

中国大百科全书出版社

目录

袋獾 见18页

猎豹 见118页

Penguin Random House

A WORLD OF IDEAS:
SEE ALL THERE IS TO KNOW
www.dk.com

Original Title: SUPER NATURE
Copyright © 2012 Dorling Kindersley Limited
A Penguin Random House Company

北京市版权登记号：图字01-2013-5055

图书在版编目（CIP）数据

动物极限 / 英国DK公司著；陈超译. —2版.
—北京：中国大百科全书出版社，2017.7
（DK儿童极限百科全书）
书名原文：SUPER NATURE
ISBN 978-7-5202-0096-7

Ⅰ．①动… Ⅱ．①英… ②陈… Ⅲ．①动
物-儿童读物 Ⅳ．①Q95-49

中国版本图书馆CIP数据核字（2017）第139355号

译　　者：陈　超

专业审稿：张劲硕
特约编辑：孙永华

策 划 人：武　丹
责任编辑：付立新
封面设计：邹流昊

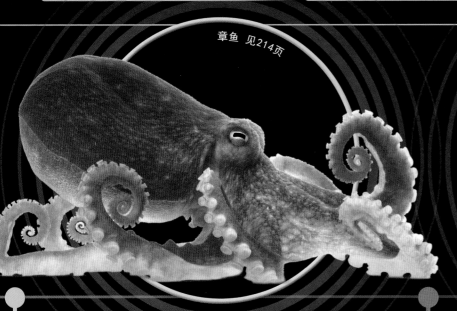

章鱼 见214页

仓鸮 见234页

生命的故事

超自然的神奇感官

DK儿童极限百科全书—— 动物极限
中国大百科全书出版社出版发行
（北京阜成门北大街17号　邮编　100037）
http://www.ecph.com.cn
新华书店经销
鹤山雅图仕印刷有限公司印制
开本：889毫米×1194毫米　1/8　印张：32
2017年7月第2版　2017年7月第1次印刷
ISBN 978-7-5202-0096-7
定价：128.00元

生机盎然的星球

地球上的生命起源于35亿年前的海洋中。它们以壮观的数量和不同的形态蔓延遍布于地球上的每个角落。这些生活在陆地上和海洋里的生物，其中不乏真正的"超级明星"，它们具有令人惊叹的能力、难以置信的躯体和奇趣各异的生活方式。

北方森林

位于遥远北方的茂密的森林主要由针叶木组成。夏季短暂，食物充足；冬季寒冷漫长，食物缺乏，在此期间，一些动物开始冬眠，另一些则迁徙到南方。

耕地

地球陆地近十分之一的面积被用来农耕。耕地种植着农作物，养殖着家畜，其中还有一些设法生存的野生物种。

▶ 稀树草原

热带稀树大草原终年炎热，干湿两季分明。稀疏的树木和灌木提供有限的树荫。在非洲稀树草原，角马和斑马等食草动物追随着雨水，迁移寻觅新鲜牧草，同时，它们也成为狮子和其他食肉动物的猎食对象。

▶ 极地冰川

北冰洋环绕着北极，南极洲围绕着南极，极地覆盖着厚厚的冰层。很多极地动物用与生俱来的厚厚的皮毛、羽毛或脂肪层来抵御寒冷，一些鱼类的血液中具有防冻物质。

▶ 热带森林

赤道附近郁郁葱葱，终年常绿的森林是地球上至少一半动植物的家园。这些丛林永葆温暖潮湿。花朵、水果和树叶是丰富的食物资源。从高耸冲天的树冠到潮湿阴暗的森林地表，森林中的每一层都有动物的踪影。

8.5%

9.5%

10%

11%

17%

生物群落

生物学家以"生物群落"来划分自然界，生物群落是指具有相似环境、气候和物种的一定自然区域。下图显示了每一生物群落占地球陆地面积的比例。

温带森林

阔叶林和落叶林在温和气候的滋润下繁荣生长。夏季温暖，冬季凉爽，降水全年分配平均。鸟类、熊、鹿和小型哺乳动物在温带森林里茁壮成长。

温带草原

温带草原比稀树草原气候凉爽，但降水稀少，很难支持树木和灌木的生长。温带草原是野牛和羚羊等大型食草动物的家园。

海洋生命

地球是一个水世界，将近四分之三的面积覆盖着海洋。近陆的浅海，特别是珊瑚礁附近，有着丰富的海洋生物。生活在开阔海域的动物必须都是游泳健将，才能在洋流中游动。在深达11千米的深海中，动物必须能应对漆黑的环境、极低的温度和很大的压力。

71%

29%

7%

6%

6%

5.5%

19.5%

地中海

地中海气候的地区拥有短暂、潮湿而温和的冬季，以及漫长、干燥的夏季。灌木、矮树、仙人掌和其他耐旱植物生长在崎岖不平的土地上。这里的动物有羱羊、猞猁、狐狼、野猪和秃鹫等。

冻原

冻原环绕着北极地区，平坦且没有树木。冻原虽然地表没有冰，但是地表层下面的土壤常年冰冻。夏季冻原复苏，鲜花盛开，昆虫活跃，许多鸟类与哺乳动物迁移至此觅食和繁殖。

沙漠

沙漠地区的年降水量通常少于25厘米。这里被砂岩或流沙覆盖，酷热难耐，日最高气温可达50℃。沙漠动物只靠很少的水就能生存下来，它们大多数都在夜晚凉爽的时候出来活动。

你能想象到的各种体形和大小

地球上遍布着各种动物。我们已知有1.5亿多种现生的动物物种。凡是你能想象到的体形和大小，我们都可以找到相应的物种。事实上，动物的种类之多使得生物学家必须建立生物分类学，依据它们相同的特征将动物划分为不同的类群。

无脊椎动物

已知动物物种的三分之二是无脊椎动物。无脊椎动物包括腔肠动物、软体动物、棘皮动物、海绵、蠕虫和节肢动物。这些动物几乎没有什么相同特征，它们唯一的共同特点是没有脊椎。我们常见的无脊椎动物有蠕虫、节肢动物（如昆虫、蟹、蜘蛛）和软体动物（如蜗牛）。许多无脊椎动物都非常不起眼或体形微小，以至于我们很难注意到它们。大多数无脊椎动物在海洋中才能找到它们的踪影，而另一些如昆虫，则生活在陆地上，并且寻常可见。

腔肠动物

包括水母、海葵和其他口部被一圈触手所环绕的海洋生物。

软体动物

身躯柔软且通常被硬壳保护着的动物，如鹦鹉螺（右图）。

棘皮动物

身体通常能均分为五部分的海洋动物。大多数具有带刺或突起不平的皮肤。

海绵

附着在海床上，从海水中滤取食物的简单动物。

蠕虫

具有长而柔软，呈圆柱形或扁平状身体的动物。一些蠕虫以寄生方式生存。

节肢动物

外骨骼覆盖着分节的身体，体节上有若干分节的附肢。

鸟类
具有喙、长有羽毛的
卵生动物。大多数骨
骼轻巧，能飞翔。

脊椎动物

我们熟知的大多数动物，包括人类都是脊椎
动物。脊椎动物的主要特征是具有由小块椎
骨组成的脊柱或脊椎。脊柱是内骨骼的核心
部分，内骨骼在肌肉的带动下活动。大多数
脊椎动物具有肢（手臂或腿）或成对的鳍、
复杂的感官以及明显的脑。

脊椎动物的五大类是：鸟类、哺乳动物、爬
行动物、两栖动物和鱼类。哺乳动物、鸟类
和某些鱼类具有调控自身体温的能力，这种
能力可以使它们不必完全依赖于外界环境而
生存。

哺乳动物
体表覆盖皮毛或毛
发，以乳汁哺育幼
崽的动物。大多数
是胎生。

爬行动物
具有鳞状皮肤的动
物，如蛇、蜥蜴、鳄
和龟，多数是卵生。

两栖动物
如蛙、蝾螈等动
物，部分时间生活
在陆地上，但通
常在水中繁殖。

鱼类
水生会游泳的动物，大多数
具有刺或鳍，
用鳃呼吸。

不断进化的动物

自然界的万事万物都不会恒久不变。经过一代代的传承，生物不断地变化，以更加适应身处的环境。适者生存，不能适应变化的物种则灭绝。这个缓慢的改变过程叫作进化，我们今天所见的令人叹为观止，且种类繁多的动物正是进化的结果。

斑马

对斑马来说，条纹外套是非常有用的特征，它能帮助斑马相互辨认并维系种族关系，这种能力对群居动物非常重要。

进化如何起作用

幼崽看起来像父母的原因在于父母将特征复制遗传给后代。但这种复制的过程并不完全精准，有时，后代会发展出新的特征。如果一个新的特征是有用的（如皮毛的颜色能很好地提供伪装），那么动物就能活得更长久，生活也会更为安逸，同时也可以诞下更多的后代来传承这一有用的特征。

体形超大的哺乳动物

大型火山爆发或陨石撞击等一些重大事件，在短时间内改变了动物身处的环境，导致很多物种因为无法立刻适应而灭绝，称为生物大灭绝。

在6 500万年前恐龙灭绝后，另一些大型哺乳动物取代了它们的地位，包括5.5米高的巨犀以及大地懒、巨河狸、巨犰狳。

雕齿兽

雕齿兽是现代犰狳的近亲，生活在距今500万～1万年前。

巨脚龙从头部到尾尖共长18米

身体庞大而笨重

柔韧的尾巴帮助平衡长长的脖颈

厚厚的有鳞的皮肤

像柱子一样的腿

蜥脚类动物用足趾行走

现代犰狳比雕齿兽体形小得多

失败者：巨脚龙

蜥脚类恐龙，如这只巨脚龙，是6 500万年前生物大灭绝中的一员。蜥脚类动物包括曾经生活在地球上的体形最大和体重最重的动物。

"**曾经**生活在地球上的**9.9%**的**物种**现在都已灭绝"

短小而厚的头部

长脖子帮助巨脚龙吃到高处的树叶

宽大的牙齿便于咀嚼食物

头部和颈部的皮肤光秃秃的

锋利的喙能撕碎肉

输者和赢家

我们认为恐龙很早就灭绝了，但严格说起来事实并非如此，它们的后代仍然生活在我们身边。兽脚目是一类用双腿行走的恐龙，包括大家耳熟能详的暴龙和伶盗龙。1.6亿年前，一些小型的兽脚目动物长出了羽毛，或许这是一种寻求保暖的方式；接着，它们开始用带羽的前肢滑行或飞翔。最终，这些有羽毛的兽脚目进化为鸟类。当恐龙因6 500万年前地球上一次巨型陨石坠落而灭绝后，鸟类诞生了。

胜利者：秃鹫

你看到的这只秃鹫，是进化中的胜利者。鳞状皮肤和类似爬行动物的眼睛都在暗示着这种鸟类是恐龙的后裔。

稀疏的羽毛

手分为三指

厚实的骨骼支撑着巨脚龙沉重的身体

像大象一样短粗的脚

分为三趾的足上带有爪

鸟类的祖先

冠龙是暴龙的小型近亲，体高和人类相当。冠龙头顶有个巨大的冠，皮肤表面覆盖着简单的羽毛。

千奇百怪的身体结构

动物的身体由细胞组成, 细胞聚合构成肌肉、骨骼等组织,以及脑、肾脏、眼睛和皮肤等器官。动物体内组织和器官的构成形式多种多样,但有亲近关系的动物的身体结构都趋于相似。对于每一种动物独一无二的生活方式来说,这几乎是最好的排列方式。

力量与隐身

虎是最大的猫科动物,它如同一部杀人机器。虎潜伏时悄无声息,能在低矮的树丛中爬行而不引起其他动物的注意,但它在捕猎时又强健有力,足以扑倒大如野牛的猎物。

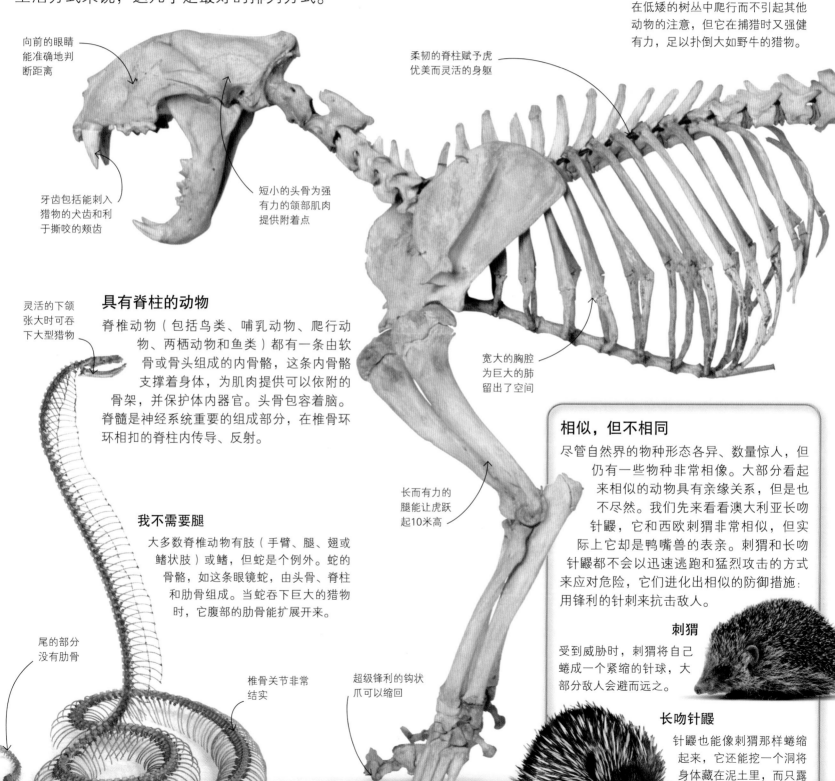

向前的眼睛能准确地判断距离

柔韧的脊柱赋予虎优美而灵活的身躯

牙齿包括能刺入猎物的犬齿和利于撕咬的颊齿

短小的头骨为强有力的颌部肌肉提供附着点

灵活的下颌张大时可吞下大型猎物

具有脊柱的动物

脊椎动物(包括鸟类、哺乳动物、爬行动物、两栖动物和鱼类)都有一条由软骨或骨头组成的内骨骼,这条内骨骼支撑着身体,为肌肉提供可以依附的骨架,并保护体内器官。头骨包容着脑。脊髓是神经系统重要的组成部分,在椎骨环环相扣的脊柱内传导、反射。

宽大的胸腔为巨大的肺留出了空间

我不需要腿

大多数脊椎动物有肢(手臂、腿、翅或鳍状肢)或鳍,但蛇是个例外。蛇的骨骼,如这条眼镜蛇,由头骨、脊柱和肋骨组成。当蛇吞下巨大的猎物时,它腹部的肋骨能扩展开来。

长而有力的腿能让虎跃起10米高

尾的部分没有肋骨

椎骨关节非常结实

超级锋利的钩状爪可以缩回

相似,但不相同

尽管自然界的物种形态各异、数量惊人,但仍有一些物种非常相像。大部分看起来相似的动物具有亲缘关系,但是也不尽然。我们先来看看澳大利亚长吻针鼹,它和西欧刺猬非常相似,但实际上它却是鸭嘴兽的表亲。刺猬和长吻针鼹都不会以迅速逃跑和猛烈攻击的方式来应对危险,它们进化出相似的防御措施:用锋利的针刺来抗击敌人。

刺猬

受到威胁时,刺猬将自己蜷成一个紧缩的针球,大部分敌人会避而远之。

长吻针鼹

针鼹也能像刺猬那样蜷缩起来,它还能挖一个洞将身体藏在泥土里,而只露出针刺。

量身定制的盔甲

节肢动物，如蟹、昆虫、千足虫和蜘蛛都有带关节的外部骨骼，看起来像一套完美的盔甲。外骨骼或者表皮，覆盖着节肢动物的整个身体，包括口器和眼睛，由质量很轻又柔韧的几丁质构成，并混以矿物质来增加强度。外骨骼给予节肢动物很好的支撑和保护，但某种程度上也限制了节肢动物的活动和生长。

坚硬的外壳

一些体形较大的节肢动物，如陆地蟹，外骨骼中含有一种叫作碳酸钙的白垩质，因此非常坚硬。

长而窄的身体非常适宜在浓密的森林中穿行

椎骨环环相扣

比起攀爬，窄臀更适于奔跑和跳跃

修长的大腿骨被包裹在大块的肌肉中

踝关节相当于减震器，能减轻地面的反弹力

虎用每只脚的4个足趾行走

在奔跑和攀爬时长尾帮助保持平衡

成长的空间

和脊椎动物的内骨骼不同，节肢动物的外骨骼无法随着动物的生长而生长，因此它必须蜕掉或脱落，然后重新长出。这只厄瓜多尔棕色天鹅绒狼蛛在蜕皮后的几个小时内非常柔软和脆弱，它必须躲藏在一个安全的地方，等待新的外壳长出并变坚硬。

没有骨骼也能生存

一些没有外骨骼的无脊椎动物，以其他方式支撑自己的身体。大多数蠕虫靠体内的液压结构来保持身形（有点儿像充满水的气球）。海星和海胆的皮肤下能长出白垩质的外壳。很多软体动物，包括蛤蜊和牡蛎，具有坚硬的白垩质或珍珠质外壳。而另一些动物，如乌贼和章鱼，主要依靠它们所生活的海水来支撑身体。

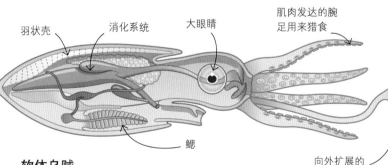

羽状壳　消化系统　大眼睛　肌肉发达的腕足用来猎食

鳃　向外扩展的触手用来攻击和防御

软体乌贼

乌贼没有骨骼，但一些乌贼有一个叫作羽状壳的内壳，用来保护身体的后部。肌肉发达的身体依赖海水来支撑，某些种类的乌贼，身体能膨胀到相当可观的大小。

> "一只大龙虾
> **一生蜕皮**
> 多达**100次**"

形色各异的生活方式

所有的动物都具备一些基本特征： 它们都要生长、觅食、繁殖、活动、感知身边的世界以及和相同群落中的动物接触、交流。但动物进行这些活动的方式又截然不同，它们的生活方式和行为千差万别。

捕猎者和猎物

为了获得食物，这只变色龙依靠潜伏和精确瞄准，来捕捉有着警觉意识、披着伪装外衣、行动敏捷的昆虫猎物。

舌头的出击速度比战斗机还快

舌头很长很灵敏，伸出来是它体长的1.5倍，能准确命中目标

能量来源

植物从阳光中获取能量，但是，动物们却只能依靠吃其他活着的生物或它们的残骸来获得生存和成长的能量。吃植物的动物叫食草动物，吃肉的动物叫食肉动物。虎和大多数其他的食肉动物都是捕食者：猎杀其他动物（猎物）来获得新鲜的肉。少数食肉动物，包括秃鹫，是食腐动物，它们不捕杀猎物，而是吃死去动物的残骸。最不挑剔的是杂食动物，如老鼠，它们吃能找到的一切食物。

灵活的舌头

作为食草动物，长颈鹿从树上采摘树叶食用。它灵活的舌头能应付最为锋利的树刺。其他的食草动物也具有不同的饮食习惯，如食草类动物吃牧草，食谷类动物则咀嚼种子。

敏感的生物

感官对动物的生存至关重要，能帮助它们躲避危险、寻觅食物或配偶。和人类一样，多数动物都能感知光线，感受触摸，拥有味觉或嗅觉，还能探测声波或其他振动。一些动物还拥有人类所不具备的特殊的感觉，例如鸟类能利用地球磁场来寻找迁徙的路线。

见所不能见

蜜蜂能探测到人眼看不到的紫外线。花朵通常都有我们看不见的紫外线标记，能指引蜜蜂来授粉和采蜜。

采光者

大多数夜行性动物长有大眼睛，以尽可能多地采集光线。这只西里伯斯眼镜猴的眼睛比它的大脑还要大！

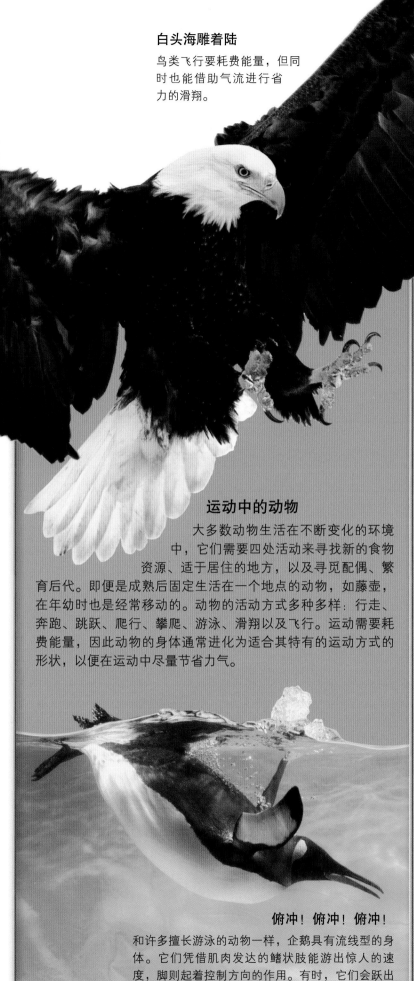

白头海雕着陆

鸟类飞行要耗费能量，但同时也能借助气流进行省力的滑翔。

"**蓝鲸**的叫声几乎在**半个地球**之外都能**听到**"

发送信号

动物彼此间交流有很多种方式，包括视觉信号、声音信号和化学信息。传递信息的方式通常都很简单：用残留的气味标示领地；用警告的叫声驱赶敌人；用母亲的叫声寻找幼崽，或者用一段表演来示威或求偶。交流还能帮助社群性动物（如狼和蜜蜂）维系群体生活和分工合作。

夺目的炫耀

当一只雄孔雀对雌孔雀展开它的尾屏时，它闪闪发光的羽毛下的潜台词是"我很健康、强壮"，它还能摇动羽毛发出响声来吸引雌性的注意。

运动中的动物

大多数动物生活在不断变化的环境中，它们需要四处活动来寻找新的食物资源、适于居住的地方，以及寻觅配偶、繁育后代。即便是成熟后固定生活在一个地点的动物，如藤壶，在年幼时也是经常移动的。动物的活动方式多种多样：行走、奔跑、跳跃、爬行、攀爬、游泳、滑翔以及飞行。运动需要耗费能量，因此动物的身体通常进化为适合其特有的运动方式的形状，以便在运动中尽量节省力气。

千里传音

狼通过嚎叫让群体里的其他成员知道自己的位置，并警告对手远离它们的领地。在开阔的地方，狼的叫声最远可传到16千米以外。

俯冲！俯冲！俯冲！

和许多擅长游泳的动物一样，企鹅具有流线型的身体。它们凭借肌肉发达的鳍状肢能游出惊人的速度，脚则起着控制方向的作用。有时，它们会跃出水面，这种特技叫"跃水现象"。

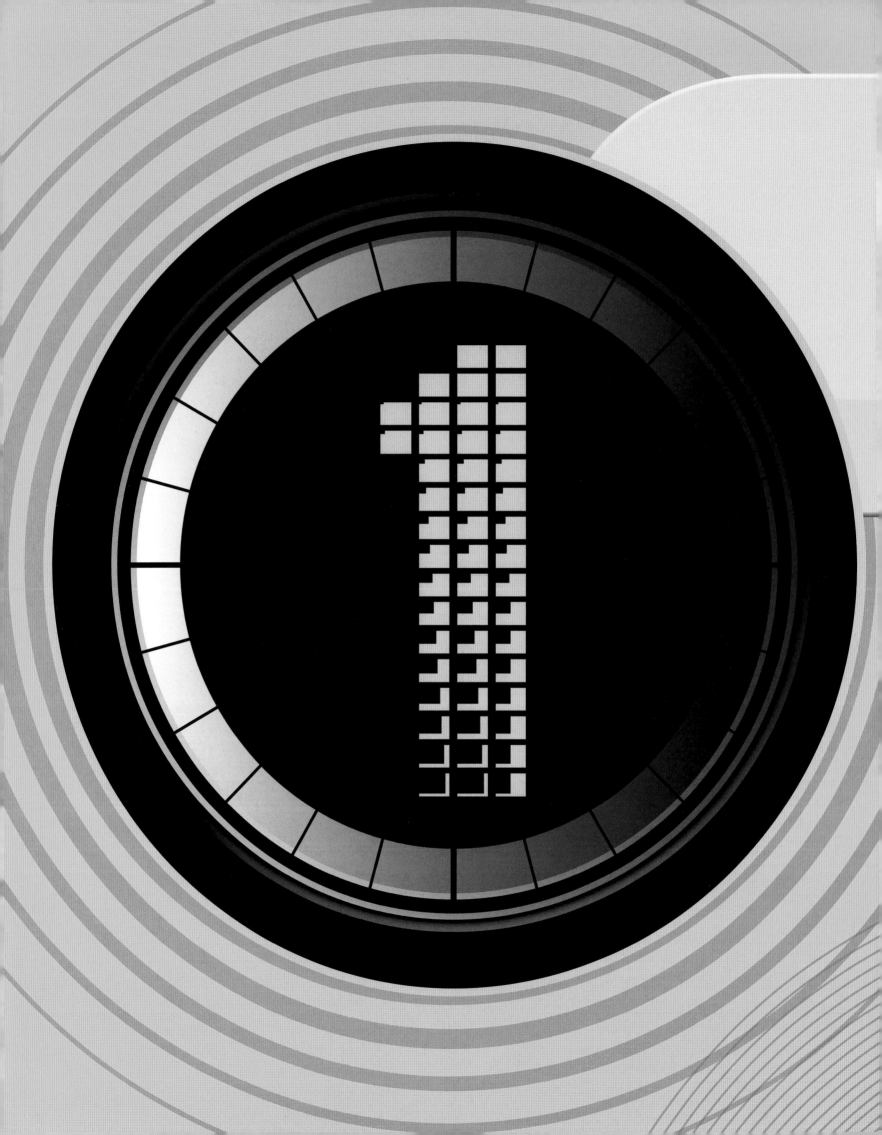

惊人的解剖学

动物的体形各异，大小不一。它们有大的、小的、多毛的、有鳞的。它们有些超级强壮或异常结实，有些能贴在墙上，还有些动物的叮咬非常令人厌恶……让我们遨游在动物的海洋中，看看这些超级明星吧！

咬力最强的哺乳动物
袋獾

尽管袋獾的体形并不比一头一岁的熊崽大，但它的噬咬力在体形同等大小的哺乳动物中却是最强的。它的下颌能咬断骨头。它是高效的腐尸清道夫，能吃掉整具尸体，甚至连皮毛尸骨都能一扫而光。有时，它还化身无惧的杀手，甚至袭击毒蛇。

特征一览

- **体形** 头体长53~80厘米，尾长23~30厘米
- **栖所** 欧石南地和森林
- **分布** 塔斯马尼亚岛
- **食物** 腐食、活的动物，有时也吃植物

胸部明显的白色标记

保护标记

袋獾胸前白色的条形图案非常独特，但有一小部分袋獾出生的时候没有白斑。这种白色标记就像示威旗帜，告诫敌人不要因为它们看起来弱小而忘记它们拥有强大的噬咬能力。

短腿赋予它缓慢而摇摆的步态

争夺尸体

大多数袋獾并不具侵略性，除了在受到威胁时，或和其他袋獾争夺食物时。当不止一头袋獾窥视同一具动物尸体时，一场混乱的吵闹就不可避免了，但这种纷争很少上升到战争级别。当出现右图中这样的场面时，袋獾的嗥叫声、哼哼声、咆哮声和尖叫声在很远的距离以外都能听到。

宽大的头部长
着巨大的咬肌

粉色的大耳
朵轮廓圆润

数据与事实

11.8
千克
最大体重

咬力		55牛顿（家猫）		418牛顿	
	牛顿	200		400	600

袋獾每天能吃掉相当
于自身体重10％的
肉类。吃饱喝足后，
袋獾将脂肪储存在尾
部，以备食物短缺时
使用。

猎物体重			0.1～40千克	
	千克	15	30	45

11
千米/时
最快时速

距离			3.2～16千米（夜间行动）	
	千米	5	10	15	20

"袋獾的**喷嚏**
声是发起**侵略**
的**信号**"

粗糙、黑棕
色的皮毛

夜行捕手

袋獾是敦实的肉食性有袋动物，白天待在中空
的原木或袋熊等其他动物挖的洞穴中。它们在
夜间出没，依靠敏锐的嗅觉觅食。

生命起点

雌性袋獾一窝能产下2～4只幼崽。在转移
到窝内生活之前，小袋獾要在母亲的育婴
袋内生活3个多月，接受哺乳以便成长。在
此期间，袋獾爸爸要帮助小袋獾保持清
洁。当小袋獾长到足够大时，父
母会轮流驮着它们出行。

最温暖的皮毛
海獭

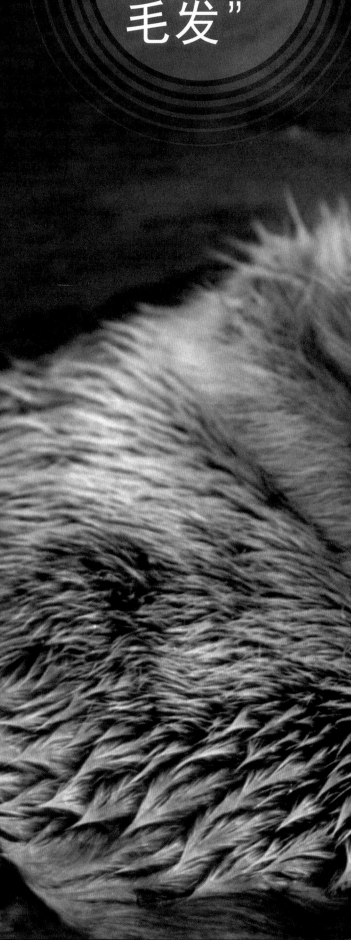

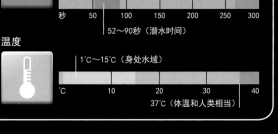

海獭的皮毛像羽绒被一样温暖舒适。 海獭皮毛浓密得令人惊奇，1平方厘米的毛发数量比人类整个头部的毛发数量还要多。海獭的确非常需要这副浓密的皮毛。它们生活在北太平洋海岸线的寒冷水域，又缺乏其他海洋哺乳动物用来御寒的皮下脂肪层。因此，它们依靠浓密的皮毛来保持体温。在海上漂浮时，它们把爪子露在水外来躲避寒冷。

"成年海獭有多达8亿根毛发"

特征一览

身体皮毛呈黑色，头部皮毛呈白色

- **体形** 头体长1～1.2米，尾长25～37厘米
- **栖所** 距海岸线1千米以内的海边和浅水水域
- **分布** 日本和北美西海岸
- **食物** 游速缓慢的鱼类、海胆、蟹和软体动物

数据与事实

45
千克
最大体重

海獭全身最浓密的毛发是靠近皮肤的绒毛，在冰冷的海水中游泳时，这些绒毛能帮助海獭保持体温。

毛发浓密度
150 000根/方平厘米
200根/方平厘米（人类）

根/方平厘米	100 000	200 000

潜水
40米（潜水深度）　97米（最高潜水纪录）

米	30	60	90	120

265秒（最长潜水时间）

秒	50	100	150	200	250	300

52～90秒（潜水时间）

温度
1℃～15℃（身处水域）

℃	10	20	30	40

37℃（体温和人类相当）

9
千米/时
最高游速

惊人的哺乳动物

最浓密的
毛发

懒洋洋的漂浮者

海獭用背部漂浮在水面上休息，通常也用这种方式睡觉，它们将自己缠绕在水草上防止随波逐流。它们用腹部当餐桌，把蛤蜊等贝类食物放在上面，用小石块砸开后食用。

最高的动物

长颈鹿

作为高个子的动物，长颈鹿能轻而易举地看到二楼窗内的景象。长腿和长脖子的组合不仅意味着它们能吃到高枝上的树叶，还能发现远处即将到来的危险。

舌头长约50厘米

角是头骨上突出的骨质赘疣

韧带帮助抬起头部和伸直脖子

脖颈骨骼的球窝关节能赋予其柔韧性

脖颈肌肉非常强壮，足以支撑沉重的骨骼

灵活的舌头

长颈鹿能将舌头探入它最喜爱的金合欢树叶的深处。它的舌头极其灵活，能绕过金合欢树多刺的枝丫采摘到多汁的嫩叶。口腔中浓稠的胶状唾液包裹着植物的尖刺，使长颈鹿在咀嚼和吞咽时都不会受伤。

脖颈大战

雄性长颈鹿常以脖子与其相互缠绕的方式与其他雄性争斗，或用头部猛击敌人来取胜。这是雄性在群体中维持其权威的方式。这种斗争通常并不激烈，但是，当周围出现雌性时，事态或许就会升级——最终以许败一方被敲击昏迷而告终。

数据与事实

心脏重量

11千克　12

0.3千克(人类)　3　6　9

千克

心跳

每分钟心跳次数　60次(休息时)　1分钟

每分钟心跳次数　75次(人类)　1分钟

6 米　最高体高

在长颈鹿弯腰喝水时，头部特殊的血管结构能阻止血液倒流进颅腔。

56 千米/时　奔跑时最快速度

"长颈鹿每迈一步有4.5米长"

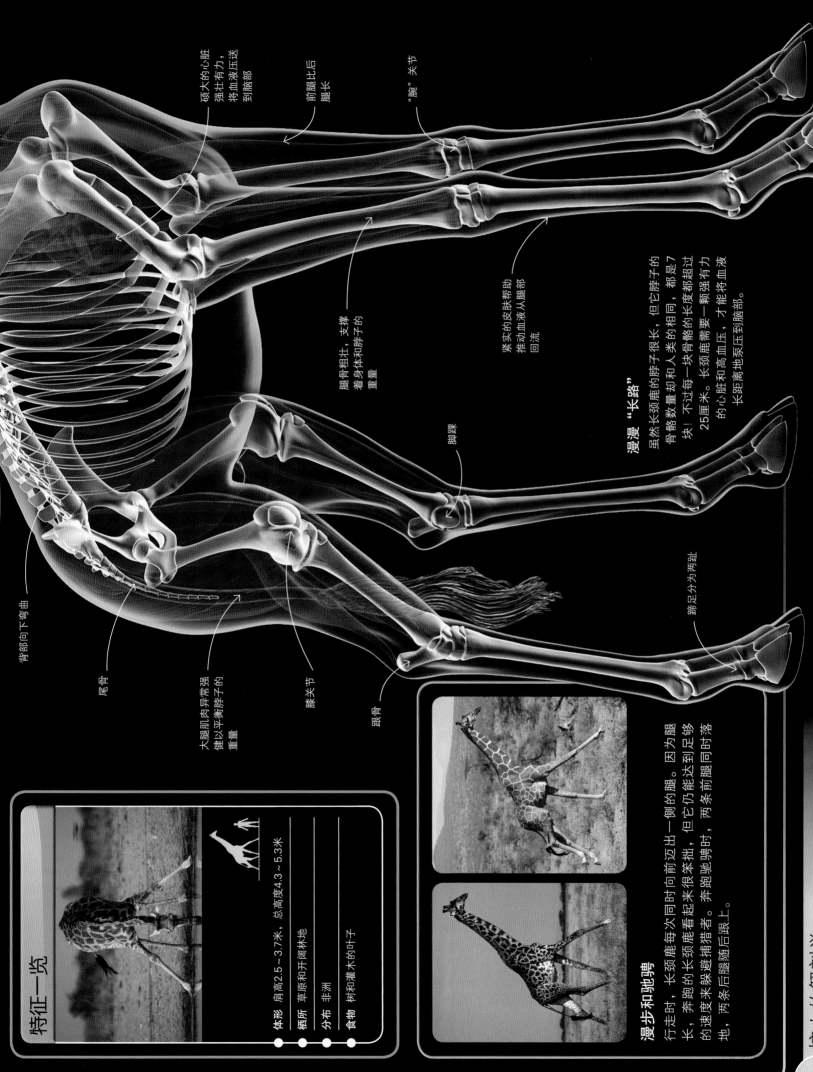

硕大的心脏，强壮有力，将血液泵送到脑部

前腿比后腿长

"腕"关节

腿骨粗壮，支撑着身体和脖子的重量

脚踝

紧实的皮肤帮助推动血液从腿部回流

漫漫"长路"
虽然长颈鹿的脖子很长，但它脖子的骨骼数量却和人类的相同，都是7块！不过每一块骨骼的长度都超过25厘米。长颈鹿需要一颗强有力的心脏和高血压，才能将血液长距离地泵压到脑部。

背部向下弯曲

尾骨

大腿肌肉异常强健以平衡脖子的重量

膝关节

跟骨

蹄足分为两趾

特征一览

体形　肩高2.5~3.7米，总高度4.3~5.3米
栖所　草原和开阔林地
分布　非洲
食物　树木和灌木的叶子

漫步和驰骋
行走时，长颈鹿每次同时向前迈出一侧的腿。因为腿长，奔跑的长颈鹿看起来很笨拙，但它仍能达到足够的速度来躲避捕猎者。奔跑驰骋时，两条前腿同时落地，两条后腿随后跟上。

惊人的解剖学

寒冰杀手
北极熊

北极熊是徘徊在北极圈茫茫冰雪中体形最大的动物。 对于一年中大部分时间生活在气温处于冰点以下地区的动物而言，体形显得尤为重要：庞大的身体可以产生更多的热量，浓密的皮毛将热量保存在体内。北极熊庞大的体形同时也意味着它能打败并杀死其他大型猎物。

最大的陆地
食肉动物

数据与事实

1002 千克
最大体重

北极熊喜食海豹，虽然海豹能在短距离内快速奔跑，但北极熊也能捕猎到它。

牙齿

牛顿	55牛顿（家猫的咬力）		1 200牛顿（咬力）	
	500	1 000		1 500

| 厘米 | 0.5厘米（家猫犬齿长度） | 2 | 4 | 4~5厘米（犬齿长度） | 6 |

猎物体重

千克		10~1 200千克		
	500	1 000		1 500

陆地上的最快速度
40 千米/时

威武的极地之熊

北极熊用厚厚的皮毛和皮下脂肪层来保暖，皮毛的绝缘保暖效果非常好，如果天气转暖，北极熊会觉得很热。北极熊能用它的臀部当舵，在冰冷的北冰洋中游泳嬉戏。

锋利的爪子便于抓握

皮毛防止脚打滑

毛茸茸的脚

北极熊拥有巨大的毛茸茸的脚，脚上长着小肉垫帮助它们牢牢抓住滑溜溜的冰面。它们圆圆的大脚在游泳时可以成为非常好用的桨。北极熊用前爪捕捉和杀死猎物。尽管它们的猎物也相当强壮有力，但北极熊能碾碎最大的海豹和最强壮的驯鹿。

像穿着雪地靴一样的脚

独特的黑眼睛

毛茸茸的耳朵

敏锐的感官

北极熊有良好的视觉和
听觉。北极熊主要靠鼻子
和敏锐的嗅觉确定猎物位置，并
能嗅出冰下成群的小海豹的气息。

白色皮毛有
助于北极熊
隐藏在雪中

特征一览

- **体形**　头体长2～2.5米，尾长8～13厘米
- **栖所**　北极浮冰和冻原
- **分布**　北极地区的海岸线和岛屿
- **食物**　海豹、海鸟、驯鹿、鱼类，有时也吃
植物

弯曲的爪子是
北极熊的刨冰
利器

最大的
猫科动物

温暖的皮毛
在西伯利亚东部寒冷的森林中，冬季
温度降至冰点以下，生活在那里的
虎，其皮毛长度是热带虎的3倍。

大型猫科动物
东北虎

东北虎是最大的陆地捕猎者之一，它能一口将猎物脖子咬断，杀死体形最大的鹿。虎以跟踪和突袭的方式捕捉猎物：它悄无声息地接近猎物，继而一跃而起扑向猎物。虎用下颌紧紧咬住猎物的咽喉，令其窒息而亡，或咬住猎物后脖颈，切断脊髓使其毙命。长长的像匕首一样的犬齿咬住猎物，接着用颊齿将肉撕成碎片，但虎的牙齿较为脆弱，不能咬碎骨头。

特征一览

- **体形** 头体长1.7~2.1米，尾长84~100厘米

- **栖所** 寒带针叶林和阔叶林

- **分布** 俄罗斯东部，中国东北部地区也有少量分布

- **食物** 鹿和体形较小的猎物，如野兔

数据与事实

15 年
最长寿命

东北虎大而重的头骨支撑着其强健有力的下颌肌肉，下颌肌肉让虎能在几分钟之内，扼杀一只大型动物，如鹿。

猎物体重

0.5千克（野兔）~320千克（鹿）

| 千克 | 100 | 200 | 300 | 400 |

咬力

55牛顿（家猫）　　　　　1 500牛顿

| 牛顿 | 500 | 1 000 | 1 500 | 2 000 |

摄食量

每日需要10千克肉

一次能吃20~40千克肉

最快速度

60 千米/时

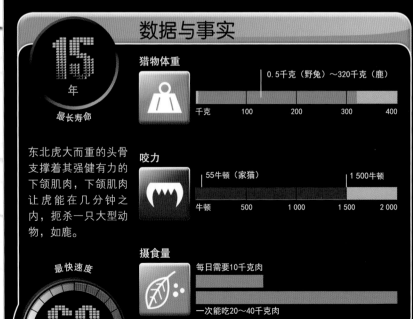

最小的食肉动物

伶鼬

体形也可以迷惑人！伶鼬的体形非常小，小到可以从成人手指圈成的洞中钻过。它们通常捕杀鼠类，但也能杀死更大一些的猎物，如兔子。伶鼬具有闪电般的反应速度，生活的节奏也异常快。只需要6个月，新生的伶鼬就能成长为小型杀手，并独立生存。

数据与事实

体重

克			
25~250克（伶鼬）	1 000	2 000	3 000

克			
10~2 000克（猎物）	1 000	2 000	3 000

时间

周			
12~15周（达到成体大小）			20
5周（孕期）			
6~8周（断奶）	5	10	15

饲养寿命 10 年

伶鼬一年四季都很活跃，它们在冬季繁殖。

最大体重 250 克

武装的杀手

伶鼬具有一副拉长的头骨和一张短小的脸。它的眼窝很大，犬齿长而锋利，能刺穿猎物的头或脖颈，咬碎其骨头。和所有食肉哺乳动物一样，伶鼬的上颌和下颌都长有被称为"裂齿"的特殊颊齿，用来切碎兽皮、肉和骨头。

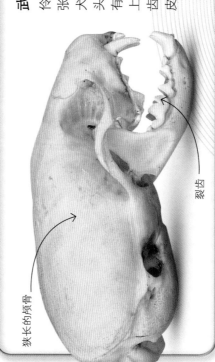

狭长的颅骨

裂齿

小而轻

伶鼬因地理分布不同而体形各异，雌性通常比雄性略小。无论性别，伶鼬的背部皮毛都呈褐色，能为它们提供一些伪装。在冬季，大部分地区的伶鼬皮毛颜色会变为纯白色来配合雪的颜色，只有在更远一些的气候温暖的南方，伶鼬的毛色维持不变。

"伶鼬能杀死相当于自身重量**10倍**的猎物"

敏捷的运动家

伶鼬修长而柔软的身体和短小的四肢能让它们在狭窄的洞穴中穿梭追逐猎物。长距离的跳跃能力和飞快的追逐速度令伶鼬在捕食时行踪诡秘，同时，它们也善于隐藏自己以免被猎食者发现。

足底在冬季会长出皮毛

特征一览

体形 头体长12～26厘米，尾长2～8厘米

栖所 林地、草原和冻原

分布 北美洲、欧洲和亚洲

食物 啮齿动物为主，有时也吃兔子等比自己体形大的动物

背部皮毛呈栗色，腹部呈白色

短短的尾巴

锋利的爪

迅速成长

伶鼬出生时体重仅5克，但成长却非常迅速。15周左右就能达到成体大小，雌性3个月大即可性成熟并繁育自己的后代。

小型猎手

伶鼬能捕捉比自己体形大得多的猎物。雄性体重是雌性的两倍，它们更乐于捕猎兔子、野兔，与松鸡一样大的鸟类也是它们的目标。雌性则以鼠类等啮齿动物或刚出生的小野兔为猎食对象。

为战斗而武装

鹿角上覆盖着一层天鹅绒般的皮肤。这层"天鹅绒"叫"鹿茸",内里包含着血管,滋养着皮下的骨骼。秋季,茸皮逐渐脱落,骨化的角就成为雄性彼此争斗的武器。

生长速度最快的骨骼
驼鹿

世界上体形最大的鹿长着世界上最重的角。雄性驼鹿的鹿角随着每个繁殖季节的结束脱落，随后每年又长出新角。新生的鹿角相当于在几个月内长出一副成人的骨骼。和其他种类的鹿一样，鹿角为斗争而生：雄鹿为争夺雌性用鹿角彼此推撞。

"最大的鹿角宽度可达1.8米"

特征一览

- **体形** 体长2.4～3.2米，尾长5～12厘米
- **栖所** 湿地和冬季被雪覆盖的开阔林地
- **分布** 北美洲、欧亚大陆北部
- **食物** 嫩芽、叶茎、木本植物和水生植物的根

数据与事实

36 千克
有记录的最重的鹿角

每年鹿角的生长需要额外补充10%～20%的营养。骨骼生长所需的钙和磷来自驼鹿所吃的植物。

鹿角生长速度

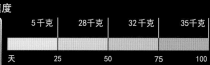

	5千克	28千克	32千克	35千克
天	25	50	75	100

日消耗热量

17～32卡/千克体重（鹿角生长期）

15～27卡/千克体重（其他时期）

活动范围

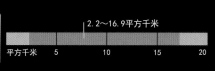

2.2～16.9平方千米

平方千米　5　10　15　20

鹿角生长所需时间

4 个月

拥有最大颌骨的食草动物

河马

河马体形巨大，对于水中生活和陆地生活同样喜欢。它还有着陆地动物中最大的嘴巴。虽然它是素食者，但宽宽的大嘴配上獠牙状强壮的牙齿让它能轻而易举地打败敌人，这点使得河马成为非常危险的动物，它能轻易逃脱人类的追捕。河马白天在水中度过，夜晚离开水塘上岸寻觅陆地植物。

特征一览

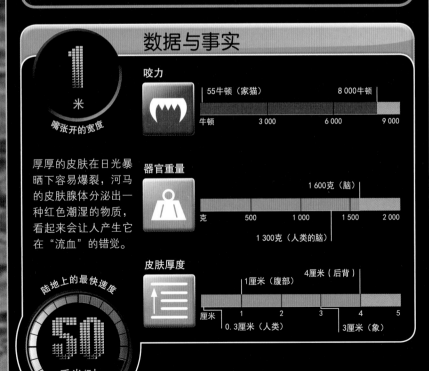

- **体形** 头体长2.9~5米，尾长40~56厘米，体重1~4.5吨
- **栖所** 草原和芦苇附近的池塘
- **分布** 撒哈拉沙漠以南的非洲地区
- **食物** 植物，主要是草

数据与事实

1 米
嘴张开的宽度

厚厚的皮肤在日光暴晒下容易爆裂，河马的皮肤腺体分泌出一种红色潮湿的物质，看起来会让人产生它在"流血"的错觉。

咬力
55牛顿（家猫）　　　　　　8 000牛顿
牛顿　　3 000　　6 000　　9 000

器官重量
1 600克（脑）
克　　500　　1 000　　1 500　　2 000
1 300克（人类的脑）

皮肤厚度
1厘米（腹部）　　4厘米（后背）
厘米　　1　　2　　3　　4　　5
0.3厘米（人类）　　3厘米（象）

50 千米/时
陆地上的最快速度

战斗的武器

河马嘴里最长的牙齿是尖尖的犬齿，可达60厘米长。犬齿用来彼此打斗，而不是吃草。河马用角质的嘴唇啃咬贴近地面的草。

惊人的解剖学

陆地上
最宽的嘴

最大的灵长类动物
大猩猩

最大的大猩猩相当于4个成年男人的体重。但是这种重量级的灵长类动物却是不折不扣的素食主义者。它们从不吃肉，特殊的巨大的胃能帮助消化坚硬的植物纤维。大猩猩多数时间生活在陆地上。有时，它们用双足站立，特别是雄性，通过站立着敲击自己的胸部来展现威力。

长长的骨骼

尽管大猩猩能用双足站立，但骨骼结构决定了它不能长久地保持这种姿势。大猩猩身体比例和人类的不同，相对于庞大的躯干，其腿的长度要短很多，无法支撑拥有宽阔胸膛的硕大身体。右侧的解剖图显示，大猩猩的手臂格外长，垂下来可过膝。长手臂和大手掌使大猩猩非常善于抓握。

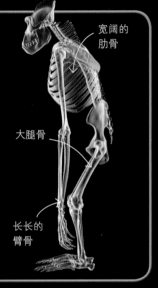

宽阔的肋骨

大腿骨

长长的臂骨

特征一览

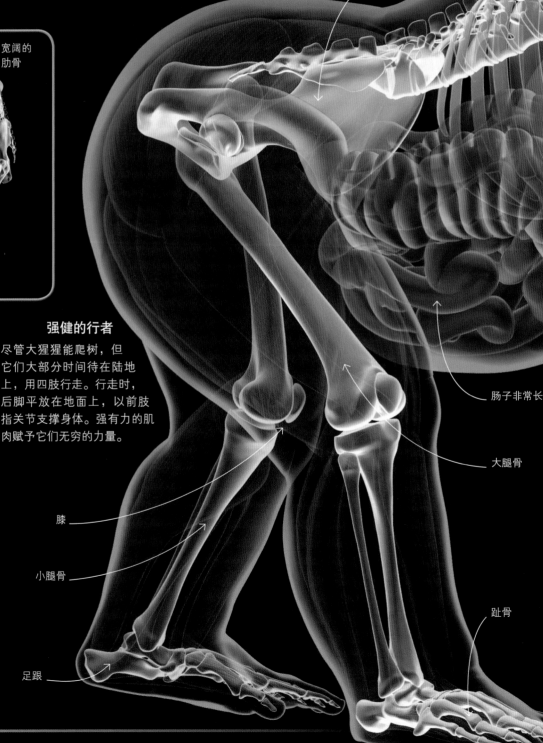

- **体形** 双足直立高1.25～1.75米
- **栖所** 雨林
- **分布** 非洲中部和东部
- **食物** 树叶、嫩芽、植物的茎，特别喜食竹子，有时也吃花和水果

强健的行者

尽管大猩猩能爬树，但它们大部分时间待在陆地上，用四肢行走。行走时，后脚平放在地面上，以前肢指关节支撑身体。强有力的肌肉赋予它们无穷的力量。

脊柱

骨盆

肠子非常长

大腿骨

膝

小腿骨

趾骨

足跟

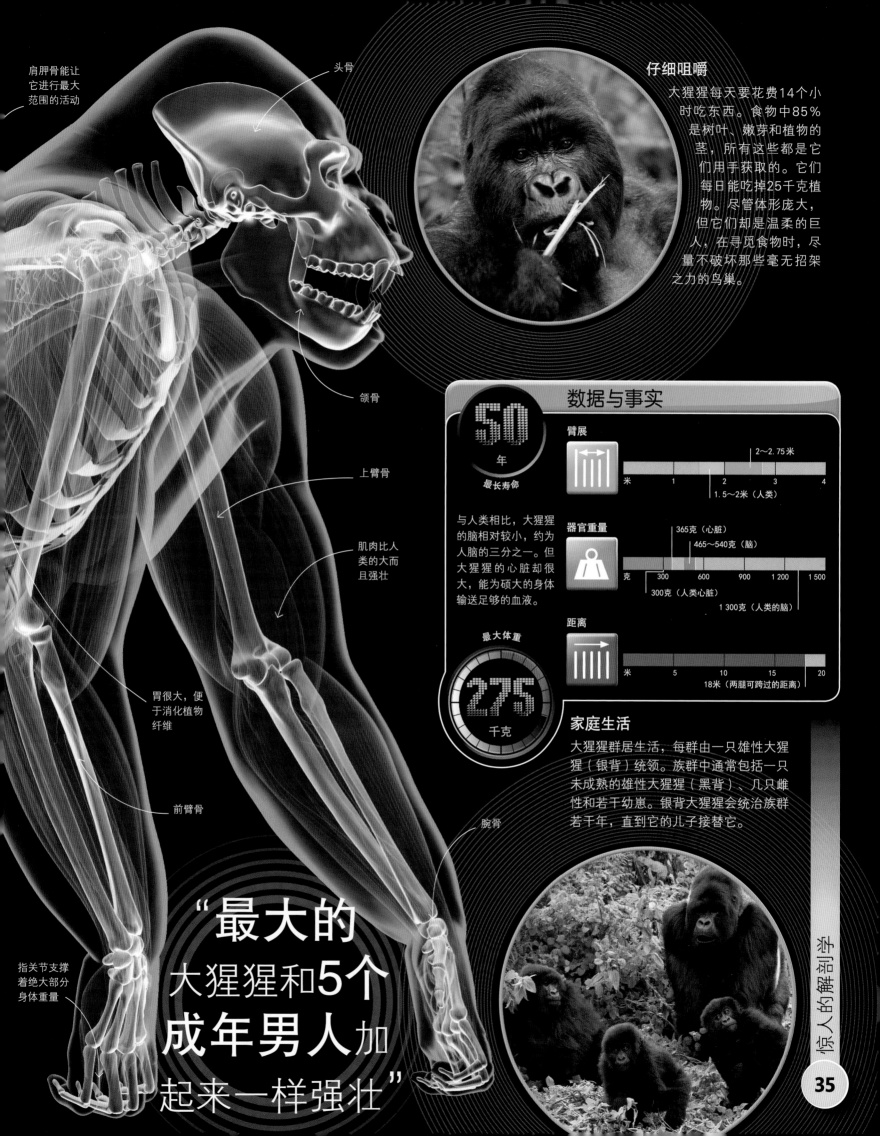

肩胛骨能让
它进行最大
范围的活动

头骨

颌骨

上臂骨

肌肉比人
类的大而
且强壮

胃很大，便
于消化植物
纤维

前臂骨

腕骨

指关节支撑
着绝大部分
身体重量

仔细咀嚼

大猩猩每天要花费14个小时吃东西。食物中85%是树叶、嫩芽和植物的茎，所有这些都是它们用手获取的。它们每日能吃掉25千克植物。尽管体形庞大，但它们却是温柔的巨人，在寻觅食物时，尽量不破坏那些毫无招架之力的鸟巢。

数据与事实

50
年
最长寿命

与人类相比，大猩猩的脑相对较小，约为人脑的三分之一。但大猩猩的心脏却很大，能为硕大的身体输送足够的血液。

最大体重
275
千克

臂展

| 米 | 1 | 2 | 3 | 4 |

2～2.75米

1.5～2米（人类）

器官重量

365克（心脏）
465～540克（脑）

| 克 | 300 | 600 | 900 | 1 200 | 1 500 |

300克（人类心脏）

1 300克（人类的脑）

距离

| 米 | 5 | 10 | 15 | 20 |

18米（两腿可跨过的距离）

家庭生活

大猩猩群居生活，每群由一只雄性大猩猩（银背）统领。族群中通常包括一只未成熟的雄性大猩猩（黑背）、几只雌性和若干幼崽。银背大猩猩会统治族群若干年，直到它的儿子接替它。

"**最大的**
大猩猩和**5个**
成年男人加
起来一样强壮"

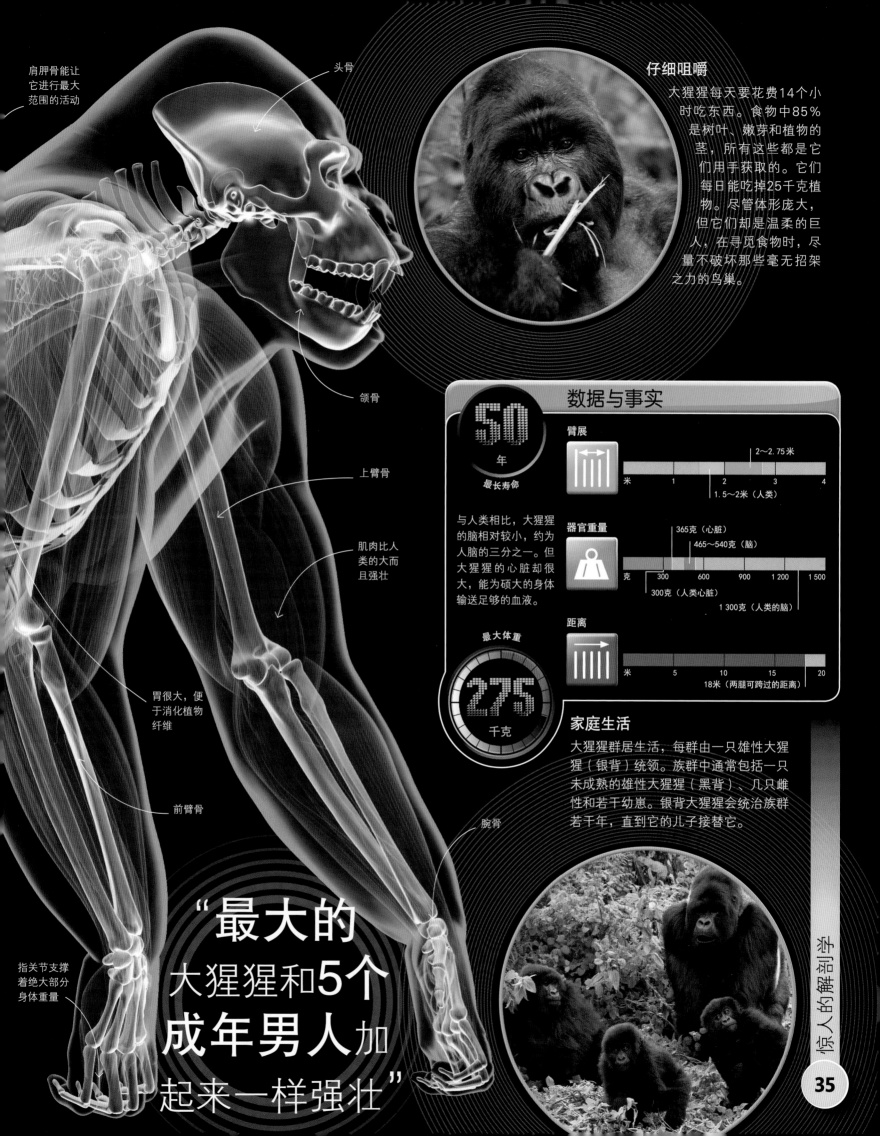

惊人的解剖

海滩霸主
南象海豹

雄性南象海豹的体重能达到北极熊体重的6倍，这种最大的食肉动物在陆地上繁殖。雄性的体重是雌性的5倍之多。南象海豹要在开阔海域生活8个月之久，游历相当长的距离寻觅食物。潜水捕鱼时，它们能在水下屏住呼吸长达两个小时，这是水生哺乳动物潜水时间最长的纪录。

特征一览

- **体形** 体长2~6米，体重360~5 000千克（雄性比雌性大很多，也重很多）
- **栖所** 石海滩和濒临大海的区域
- **分布** 南极洲附近的岛屿和南美洲南端
- **食物** 鱼类和乌贼

数据与事实

5 000
千克
最大体重

当南象海豹潜入冰冷的海水时，它们的心率下降，血液集中在重要器官周围循环流动。这种潜水反应在人类身上也有体现，但效果却不太明显。

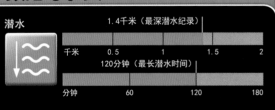

潜水

1.4千米（最深潜水纪录）

千米 0.5 1 1.5 2

120分钟（最长潜水时间）

分钟 60 120 180

心跳

每分钟心跳次数 60次（陆上休息时） 1分钟

每分钟心跳次数 30次（潜水时） 1分钟

呼吸

16次/分钟（人类）

10次/分钟（陆上休息时）

次/分钟 10 20

游速

25
千米/时

最大的海豹

残酷的厮杀

每年9月，南象海豹来到海岸繁殖。雄性为了争夺成群的雌性大打出手，它们咆哮着用犬牙相互刺咬。雄海豹的长鼻子能在它们发出咆哮声时产生共鸣，使声音格外洪亮。小海豹在争斗中可能会被压扁。

最大的啮齿动物
水豚

南美洲的沼泽地是水豚这种体形像猪一样的啮齿动物的家园。水豚在当地语中意为"草地的主人"，营群居生活。在陆地上，它们跑起来像马；在水中，它们游起泳来像河狸。吃草时，水豚用前门齿啃咬紧贴地面的草。它们的肠子很长有助于消化，就像与它们和睦相处的牛一样，有时水豚会将部分消化的食物反刍进行二次咀嚼。

特征一览

- **体形** 体长1~1.3米，肩高50厘米
- **栖所** 泛滥草原和临河的森林
- **分布** 安第斯山脉以东的南美洲
- **食物** 主要以草和水生植物为食，也吃谷类和甜瓜

数据与事实

10 年
寿命

门齿长度

2.4厘米

| 厘米 | 1 | | 2 | | 3 | | 4 |

和牛等大多数体形较大的食草动物一样，水豚巨大的肠道内充盈着丰富的微生物，这些微生物有助于消化坚硬的植物纤维。

活动范围

0.1~2平方千米

| 平方千米 | | 1 | | 2 | | 3 |

群体规模

20~100只个体

| 0 | 25 | 50 | 75 | 100 | 125 |

最大体重
91 千克

"水豚的**凿状门齿**一生都在**不断地生长**"

群居的安全性

以群体形式生活，水豚就多了若干双眼睛来共同防御美洲虎等捕猎者。如果安全受到威胁，它们会奔逃入水，用带半蹼的脚不断划水逃离险境。

刺的力量
非洲冕豪猪

如果不小心在豪猪身边站错了方向可不是一件好事儿。武装起锋利的棘刺，豪猪也是众所周知的袭击者，其危险程度和狮子、鬣狗相当。一头生气的豪猪会调转方向，倒退着将竖起来的刺对准敌人。被刺穿的伤口如果感染可能会导致死亡。

最尖锐的"毛发"

特征一览

- **体形** 头体长60~85厘米，尾长8~15厘米
- **栖所** 草原、开阔林地和森林
- **分布** 地中海、非洲
- **食物** 草根、水果、树皮，有时也吃小型动物

"外套"粗糙且尖利

锋利的牙齿

豪猪拥有像凿子一样的门齿和强有力的下颌肌。尽管它们是食草动物，但有时窝里也散落着一些骨头，豪猪通过啃咬骨头获得钙，同时还能磨牙。

声音效果

非洲冕豪猪的尾部武装着特殊的棘刺。这些刺的后部膨大且呈中空状，当豪猪摆动尾部时，棘刺互相撞击，发出"咔嗒咔嗒"的声音。这种声音警告捕食者远离此处。

数据与事实

20 年
饲养寿命

30 千克
最大体重

打开并竖起的冠状棘刺让非洲冕豪猪看起来比它的攻击者大两倍。和普通的毛发一样，棘刺能竖起是因为每根刺都与皮肤内的肌肉相连。

刺

厘米	10	20	30	40

35厘米（背部棘刺的长度）
5厘米（尾部棘刺的长度）

厘米	0.5	1	1.5

0.5厘米（尾部棘刺的直径）

洞穴长度

米	5	10	15

10米

活动时间

0.5～3小时（白天）
9小时（夜晚）

黑白相间的棘刺

扁平足的啮齿动物

豪猪用宽阔扁平的足行走。它们的足趾很短，上有强健的爪用来挖洞。豪猪的地下隧道洞穴，结构非常复杂，能住下整个家族。

"它是**非洲最大**的啮齿动物"

冠状棘刺

豪猪的棘刺是非常尖锐的毛发。头部和背部的棘刺格外长。刚出生的小豪猪的棘刺又短又柔软，但只需一周就能变硬。

短而粗的腿

令人惊叹的解剖

最大的蝙蝠
马来狐蝠

马来狐蝠是一种夜行性以水果为食的蝙蝠，它们白天挂在树上休息，黄昏时分外出觅食。一群吵闹的狐蝠聚集在水果树上发出的嗡嗡声，在800米以外的地方都能听到。

餐桌礼仪？不！

狐蝠是邋遢的食客。它们通过挤压、吸吮水果获得果汁，然后将果核丢掉。很快，果树下就会堆满垃圾，只有少数很软的水果才会被它们咀嚼后咽下。

数据与事实

11 千克
最大体重

狐蝠外出觅食时会以家庭或群组为单位，每群大约50只，但白天在树上休息时则聚集成一大群。

翼
1.3～1.5米（翼展）
米　0.5　1　1.5　2

每分钟振翅次数　100～120次　1分钟

群体规模
2 000～15 000只个体
0　5 000　10 000　15 000　20 000

飞行速度
40 千米/时

耳小而尖

脑

第二指

腕联结着指和前臂

前臂

强壮的胸肌赋予双翼力量

第五指能将联结着身体的翼膜铺展开来

第四指

榨汁机

狐蝠的头部看起来像狐一样，与那些小型食虫蝙蝠完全不同。狐蝠有长而尖的口鼻和大大的眼窝。与小型食虫蝙蝠靠回声定位觅食不同，狐蝠依赖视觉寻找食物，在夜晚也是一样。狐蝠的口腔底部呈突起状，它们用此处挤压水果，再用舌头吸吮果汁。

眼窝

犬齿里面有沟槽

"它能一口气
吃掉相当于
自身体重
1/4的水果"

第一指

上臂

肘部

翼有两层
皮肤，中
间几乎没
有肉相连

倒挂

在整晚吸食水果后，
成群的马来狐蝠在黎
明时分返回它们栖息的
树上。它们为了争夺一处
休息的地点而相互打斗。它
们头朝下倒挂着睡觉，用翼包裹
住身体，如果感觉炎热，会将双翼展开
扇风，让自己凉快下来。

狐蝠没有尾

翼膜向下延伸至腿

每只脚有5个足趾，
足趾上有爪便于抓握
树枝

皮肤覆成的翼

这种世界上最大的蝙蝠却是缓慢的飞
行者。巨大的翼膜缺少毛发，仅由两
层皮肤组成。和其他蝙蝠一样，马来
狐蝠的翼骨相当于其他哺乳动物的指
骨，用于支撑翼膜。

特征一览

体形	头体长35～40厘米，翼展1.5米
栖所	森林
分布	东南亚
食物	水果、花

"它的血管**相当宽**，你可以在里面**游泳**"

可以折叠的嘴巴

蓝鲸隶属于鳁鲸科，意为"有深沟的鲸"。它的喉部有很多条褶沟，褶沟的作用是使喉部扩张，这样，蓝鲸可以吞下更多的随海水进入口中的磷虾。

海洋巨兽

蓝鲸

蓝鲸的体形几乎是体形第二大的动物——长须鲸的两倍，但这些巨人却以世界上最小的被称为磷虾的虾状海生浮游动物为食。鲸在游泳时吞进满口的海水，通过鲸须板将海水排出，留下食物。

特征一览

- **体形** 雄性平均体长22.5米，雌性平均体长24米
- **栖所** 海洋
- **分布** 全世界范围，主要集中在南半球的海洋中
- **食物** 几乎只吃磷虾

数据与事实

180 吨
最大体重

地球上最大的动物

在南半球的夏季，蓝鲸会迁移至南极洲附近的海域，那里的海水充斥着磷虾。其他时间，它们在更北一些的海域活动，基本靠体内存储的脂肪生存。

最快游速
50
千米/时

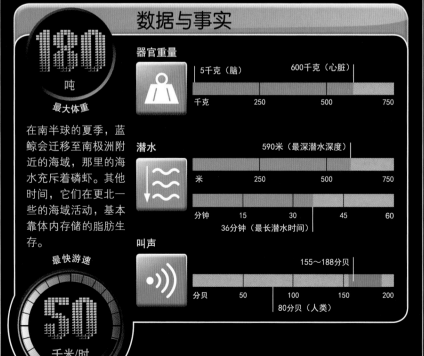

器官重量

	5千克（脑）		600千克（心脏）	
千克	250	500	750

潜水

		590米（最深潜水深度）	
米	250	500	750
分钟	15	30	45	60

36分钟（最长潜水时间）

叫声

			155～188分贝	
分贝	50	100	150	200

80分贝（人类）

最高的鸟类

鸵鸟

这种超乎寻常的完全不会飞的鸟是世界上最大的鸟，它们产下的蛋也是所有鸟类中最大的，但是相比鸵鸟的体形来说，鸵鸟蛋就是个小不点儿。一只雌鸵鸟能产下10枚蛋，有趣的是，其他低序位的雌鸵鸟也会将蛋产在同一穴中，因此作为穴主的雄鸟要照看多达30枚蛋。

有羽毛，却不能飞

鸵鸟的羽毛蓬松柔软，羽枝上无小钩，因而不能像那些会飞的鸟类的羽毛一样聚合形成羽片。鸵鸟也没有油脂腺，羽毛不防水，淋雨后就湿淋淋地粘在一起。

头部和脖颈覆盖着薄的绒毛

灵活的颈部有17块椎骨

背部比颈部短

巨大的翼展能达到2米宽，在奔跑时帮助保持平衡

鸵鸟的大腿骨是最短的腿骨

雌性的卵巢和生殖系统

羽枝独立

肋骨保护着身体器官

心脏比人类的大

膝盖骨

"鸵鸟跑得比任何一种鸟都要快"

大脚趾

鸵鸟是唯一一种有两个足趾的鸟类，这能帮助鸵鸟在跑时减小与地面的接触，能迈开大步奔跑，让鸵鸟成为顶级短跑运动员。足趾的内侧足趾非常大，结合发达的腿部肌肉，让鸵鸟成为顶级短跑运动员。

踝关节

腿上没有羽毛

只有最内侧的足趾长有趾甲

足趾有力，用于踢走并踢伤敌人

护着内脏

大鸟

这种身材最高、体重最重，却无法飞行的鸟类。长腿和长颈赋予它们特别的身高，使它们能轻易发现远处的捕猎者。尽管鸵鸟的头很高，但眼睛是陆地食草动物中最大的。非常适宜在非洲草原上生活。

长腿赋予鸵鸟出众的身高

强劲有力的肌肉便于鸵鸟逃离猎食者

有爱心的父母

小鸵鸟在孵化后3天之内就会离开巢穴，随后的4~5个月，小鸵鸟跟着父母四处活动。炎热的夏季，它们躲在父亲或母亲的羽翼下避暑。如果受到捕猎者的威胁，父母中的一方会出来吸引敌人的注意力，另一方则带着小鸵鸟转移到安全地带。

数据与事实

70 千米/时
奔跑速度

15 千克
最大体重

器官重量

千克	0	0.5	1	1.5
0.04千克 (脑)				
		0.3千克 (人类的心脏)	1千克 (心脏)	
			1.3千克 (人类的脑)	

卵的重量

千克	0	0.5	1	1.5
0.05千克 (鸡蛋)			1.4千克	

这种体形庞大的鸟类有一个很小的脑和一个很大的心脏。刚出生的小鸵鸟在大家庭的照看下长大。

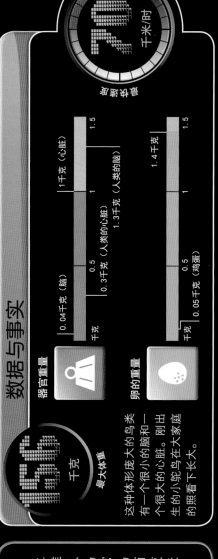

公共巢穴

鸵鸟的"巢"就是土地上的一个小坑。当有其他雌性鸵鸟在巢中产卵时，只有拥有这个巢的雌性鸵鸟和它的配偶有权孵化它们。浅灰色羽毛的雌鸟整个白天都坐在卵上，而黑色羽毛的雄鸟则负责夜间孵化。经过42~46天后，小鸵鸟孵化出壳。

喙最长的鸟类
澳大利亚鹈鹕

鹈鹕具有动物界最大的喙，澳大利亚鹈鹕的喙则更是喙中之冠。它们巨大的喙有着非常实际的用途——捕鱼。一个大大的皮质喉囊悬挂在喙的下方，充当渔网，游泳时，鹈鹕用喙在水下一扫，附近的鱼就被全部收入囊中。鹈鹕一次能捕几十条鱼，捕到鱼后，它抬头将水排出喉囊，再将所有猎物一口吞下。

"鹈鹕在**野外**能生存**10～25年**之久"

特征一览

- **体形** 头尾长1.5～1.9米
- **栖所** 湖泊、河流、沼泽和海岸
- **分布** 新几内亚岛和澳大利亚
- **食物** 主要是鱼类，有时也吃其他动物，如昆虫和蛙

数据与事实

50
厘米
喙的长度

年幼的澳大利亚鹈鹕生活在巢穴里的那段时间，是体重快速增加的时期。等它们走出巢穴开始自由活动时，也是减肥的开始。

食物

6～25厘米（捕食鱼类的大小）

厘米	10	20	30

千克	2	4	6	8	10

5.5～9.3千克（每日所需鱼的重量）

体重

10千克（幼体）

千克	2	4	6	8	10	12

4～6.8千克（成体）

喉囊重量

14千克（喉囊满载时）

千克	3	6	9	12	15

最快飞行速度

50
千米/时

惊人的解剖

最大的喙

稍事喘息

澳大利亚鹈鹕有一对大而有力，用来翱翔和滑翔的翅膀，还有一双强壮的腿和带蹼的足。捕鱼的间隙，它们会选择炎热开阔的地方休息，抖动喉囊使自己干爽。

羽毛最浓密的鸟类

小天鹅

除小天鹅外，再没有任何一种天鹅会选择在遥远的北方繁殖。小天鹅浓密的冬羽能帮助它们保持体温，羽毛的浓密程度没有任何鸟类能与之匹敌。它们在北极圈内营巢，利用北极短暂的夏季来完成这项工程。小天鹅的卵能迅速孵化，出生的幼鸟只需其他种类的天鹅一半的时间即可成年。这些事情在3个月的时间内便全部完成，随后全家就准备飞往南方。

特征一览

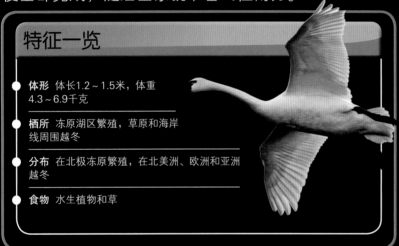

- **体形** 体长1.2～1.5米，体重4.3～6.9千克
- **栖所** 冻原湖区繁殖，草原和海岸线周围越冬
- **分布** 在北极冻原繁殖，在北美洲、欧洲和亚洲越冬
- **食物** 水生植物和草

数据与事实

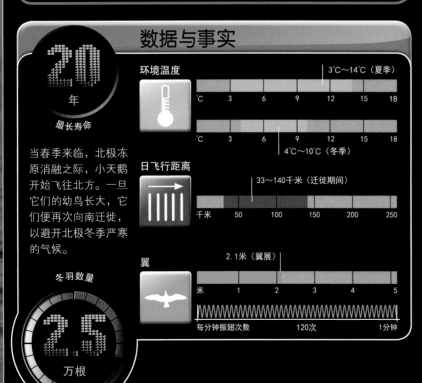

20 年
最长寿命

当春季来临，北极冻原消融之际，小天鹅开始飞往北方。一旦它们的幼鸟长大，它们便再次向南迁徙，以避开北极冬季严寒的气候。

环境温度

3℃～14℃（夏季）

| ℃ | 3 | 6 | 9 | 12 | 15 | 18 |

4℃～10℃（冬季）

| ℃ | 3 | 6 | 9 | 12 | 15 | 18 |

日飞行距离

33～140千米（迁徙期间）

| 千米 | 50 | 100 | 150 | 200 | 250 |

翼

2.1米（翼展）

| 米 | 1 | 2 | 3 | 4 | 5 |

每分钟振翅次数　120次　1分钟

冬羽数量

25 万根

伴着拍打声飞翔

小天鹅冬季大多数时间在水上度过，甚至漂浮在水面睡觉。它们需要足够的空间起飞和降落，同时猛烈地拍打翅膀。它们的另一个名字"啸声天鹅"就来自飞行时拍打翅膀发出的呼呼声。

惊人的解剖学

"迁徙中的
小天鹅能飞到
8千米的高空"

疯狂的啄木者

啄木鸟

令人不可思议的是，啄木鸟居然从不会感到头疼。它们每天大多数时间都在树上敲洞，敲击力量的10倍就能击倒一个成年人。啄木鸟的这种敲击还是有目的的：觅食，在一个安全的地方营巢并抚养幼鸟，和其他啄木鸟交流。

特征一览

体形 根据种类的不同，头体长10~58厘米不等

栖所 多数生活在森林，少数生活在开阔地带，如草原

分布 除马达加斯加、澳大利亚和海洋岛屿之外的全世界范围

食物 昆虫、坚果、水果和树液

特殊细胞能修复损伤的喙尖

喙非常坚固，不会轻易弯曲或损害

内眼睑每毫秒闭合一次，以避免冲击力造成的伤害

昆虫提取器

啄木鸟的舌头很长，不用时可以在颅内缠绕起来。舌头在伸进树洞时，肌肉会变硬。舌尖带有锋利的倒钩，能探入洞内钩捕昆虫。有些啄木鸟还会吸食树液。

环绕整个头骨的舌头在冲击中起着安全带的作用

减震器

啄木鸟的头骨由海绵状骨骼组成，内含液体，能吸收和削减外力产生的震动。头骨周围还长满起减震作用的肌肉，使头骨内的脑不会随着喙的敲击而震动。颈部紧实的肌肉也能分散掉震动对脑的影响。

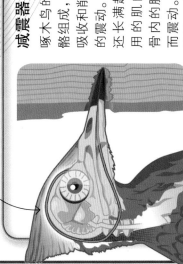

坚硬的尾羽抵靠在树上，帮助支撑着身体

利爪能钩进树皮

足趾肌肉收缩将足紧紧锁定在树干上

紧紧抓住

啄木鸟有强健的足和爪，能在树干上攀爬。在树上栖息时，两趾向前，另外两趾向后，但在树干上移动时，其中一个后趾则向侧面伸出，这样能让鸟更稳固地抓住树干，啄木时亦如此。

啄击声的意义

啄木鸟用有韵律的响亮的敲击声来宣告自己的领地，每种啄木鸟都有其独有的啄击声。北美黑啄木鸟是生活在北美洲形体形最大的啄木鸟，它们每分钟啄击两次，每次声音可延续几秒钟。

"啄木鸟甚至能在混凝土上敲洞"

数据与事实

啄击频率

每秒啄击次数　18~22次

次/日　4 000　8 000　12 000　16 000

8 000~12 000次/日　1秒

啄击力度

30牛顿（冲击力）

牛顿　10　20　30　40　50　60

啄击时头部最高速度

千米/时

年 最长寿命

一对啄木鸟大约需要一个月的时间，沿着树木的纹路进行凿木营巢的工作。

惊人的解剖学

巨型鹦鹉
鸮鹦鹉

鸮鹦鹉体形肥大，无法飞行。虽然它有翅膀，但缺乏像其他鸟类一样能支撑翼肌的宽大的胸骨。此外它的羽毛柔软，也没有飞羽所具备的坚硬刚性的特征。这种世界上唯一不会飞的鹦鹉行动缓慢，长着猫头鹰一样的脸孔，只吃素食，白天睡觉，只有夜晚才外出活动。如果受到威胁，它会静静地站着，试着和背景融为一体。尽管如此，它还是很容易成为鼠和猫这些捕食者的目标，因此它现在被列为濒危动物。

特征一览

- **体形** 体长64厘米，体重0.85~3.6千克
- **栖所** 长满青苔的森林和草甸
- **分布** 新西兰周围的3个岛屿
- **食物** 叶芽、草根、茎、坚果、水果、树皮、苔藓、真菌，特别喜爱芮木泪柏的果实

数据与事实

120
年

最长寿命

雄性鸮鹦鹉为了吸引雌性而发出的隆隆的鸣叫声，能传到几千米以外的地方。交配后，雌性鸮鹦鹉会离开交配场所回到自己的家园，独自抚养幼鸟成长。

野外数量

131
只

翼展

					90厘米	
厘米	20	40	60	80	100	

慢跑速度

		2千米/时			
千米/时	1	2	3	4	5

一次产卵数

	1~4枚				
0	1	2	3	4	5

> "鹦鹉的翅膀
> 用于**保持身体
> 平衡**而不是
> 用于**飞翔**"

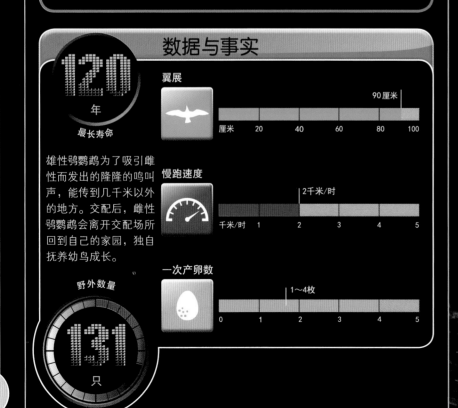

月光下的掠食者

鸮鹦鹉每晚都要走几千米寻找食物。它们的爪很强健，利于在灌木丛中攀爬行走，而喙旁灵敏的"羽须"则用来感知黑暗中的周边环境。敏锐的嗅觉帮助它们找到喜爱的树叶，喙能有效地研磨食物，吸吮汁液。

最大的鹦鹉

"一只信天翁
12天内能飞行
6 000千米"

再见你真好

漂泊信天翁对自己的伴侣忠诚不渝。一只雄性和一只雌性的关系会维持终生，但只有在每两年一次的交配时期才会见面。它们诞下的唯一的幼鸟要在巢中生活9个月，成熟后，幼鸟便回归大海上空，至少6年后才会再踏足陆地。

超级滑翔海鸟

漂泊信天翁

漂泊信天翁以全世界最修长的翅膀翱翔在南半球的海洋上空，飞行时它们几乎不振翅。除了繁殖，信天翁很少踏足陆地。飞行中，它们在双翼完全展开后就会锁定不动，借助上升气流翱翔在海浪上方，每下降1米高度可滑翔22米的距离。

特征一览

- **体形** 体长1.07~1.35米，体重5.9~12.7千克
- **栖所** 开阔的海洋和海岛
- **分布** 南半球海洋及南极洲附近的岛屿
- **食物** 乌贼、鱼类和腐肉

数据与事实

500 米
最长滑翔距离

最大的 翼展

滑翔式飞行并不费力，因此信天翁的心率在飞行时和休息时只有细微的差别。但是在起飞和降落时需要更多的能量。

最快速度
40 千米/时

翼   3.7米（翼展）

米 1 2 3 4 5

每分钟振翅次数 15次（最开始的6秒振动频率很高） 1分钟

日飞行距离   200~500千米

千米 100 200 300 400 500 600

心跳   60次（休息）~ 80次（滑翔）

每分钟心跳次数 1分钟

每分钟心跳次数 150次（起飞和降落） 1分钟

独特的羽毛秀
萨克森极乐鸟

萨克森极乐鸟外形独特，当欧洲人第一次听说它时，并不认为这种鸟真的存在。雄性萨克森极乐鸟的头顶有两条长长的羽毛，每一条上都排列着像旗帜一样的羊齿状羽毛簇，这种独特的旗羽，其他任何鸟类都不具备。雄性用这两条奇异的羽毛表演求偶舞蹈来吸引雌性。

上演舞蹈秀

每一条旗羽的长度都可达鸟儿身体长度的两倍，旗羽底端的肌肉很发达，能让它们举起旗羽进行展示。在开始蹦蹦跳跳进行舞蹈秀之前，雄性萨克森极乐鸟会挑选一个好位置，以便旗羽有足够的展示空间。

鲜艳的水蓝色喉

明黄色的胸部

从头顶长出的羽毛看起来像一排旗布

特征一览

体形	长22厘米
栖所	山地雨林
分布	新几内亚岛
食物	水果和昆虫

数据与事实

50
厘米
羽的长度

雌性极乐鸟不光独立建造自己的巢，它们还独自孵化卵，无须雄性帮助，自行哺育幼鸟长大。

孵育期

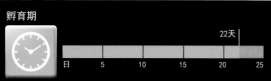

					22天	
日	5	10	15	20	25	

海拔

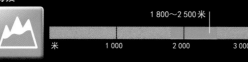

1 800～2 500米

米	1 000	2 000	3 000

舞蹈秀时长

1
分钟

" 雌性极乐鸟
独自哺育幼鸟

小小运动家
紫辉林星蜂鸟

特征一览

蜂鸟的心脏每小时跳动次数等于人类心脏每日跳动的次数。这些体形微小的鸟靠吸食花蜜为生，为了获得足够维持生命的食物，它们每天要"光顾"上千朵花。作为蜂鸟中体形最小的成员之一，紫辉林星蜂鸟的身体就像一台快速转动的小型发动机，燃烧的能量是人类生存所需能量的500倍。

● **体形**　长6~7厘米

● **栖所**　雨林、开阔林地和草原

● **分布**　南美洲

● **食物**　花蜜和昆虫

翅膀拍打速度很快，因此身体能悬停空中

深眠者

醒着时，蜂鸟要吸食足够多的花蜜来支撑它繁忙的生活方式。夜晚，蜂鸟停止觅食，它采用非常手段来保存能量：身体温度急速下降，进入一种"微休眠"的状态。

长长的喙能伸进花朵吸食花蜜

"蜂鸟巢的大小和一个高尔夫球差不多"

数据与事实

80
次/秒
翅膀拍打速度

这种体形微小的鸟拥有一个强大的心脏。快速的心跳输送足够多的氧气来支持振翅时肌肉所需的能量。

心跳

200次（休息）

每分钟心跳次数　　　　　　　　　　1分钟

每分钟心跳次数　　1 200次（飞行）　　1分钟

日消耗热量

14卡/克体重

0.026卡/克体重（人类）

80
千米/时
最快飞行速度

最迅速的
代谢

硕大无朋的眼镜蛇
眼镜王蛇

作为世界上最长的毒蛇，眼镜王蛇性情凶猛，以致其他种类的蛇都对它心生恐惧。它拥有能杀死小型蟒蛇、鼠蛇，甚至其他眼镜蛇的力量与毒液。但这种危险的捕食者也有温情的一面，和其他蛇不同，雌性眼镜王蛇对它的卵爱护备至，它们筑造巢穴看护卵直到其孵化，攻击胆敢靠近巢穴的任何物种。

特征一览

体形	长3~4米
栖所	森林
分布	印度和东南亚
食物	其他蛇类

锋利的毒牙

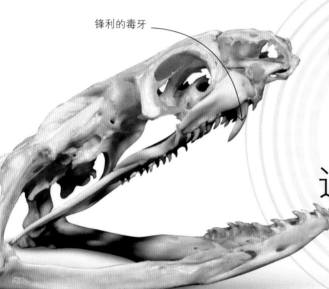

"眼镜王蛇的**袭击**范围远至2米"

眼镜王蛇的头骨

眼镜王蛇像针一样锋利的毒牙位于口腔前部。尽管其他种类的蛇拥有毒性更为剧烈的毒液，但是眼镜王蛇注入的毒液以量取胜，伤害力更强大。

戴风帽的蛇

当眼镜王蛇感觉受到威胁时，会抬起头部，颈部扩张呈扁平状，就像戴了一项风帽。这种姿态令它看起来更为强大，它们攻击敌人时采取的也是这种姿势。

数据与事实

5.5
米
最长体长

眼镜王蛇的毒液能破坏神经系统。毒素首先致使对方身体麻痹瘫痪，继而导致心脏和肺停止运转，最终死亡。

毒牙长度

1.5厘米

| 厘米 | 0.5 | 1 | 1.5 | 2 |

毒液

30～140滴（咬一口注入的毒液量）

| 0 | 30 | 60 | 90 | 120 | 150 |

20滴（致死一人所需最少毒液量）

攻击速度
2
米/秒

敏锐的视觉能
准确定位猎物

孵化幼蛇

在孵出幼蛇并看护2~3个月
之后，雌性眼镜王蛇就离幼
蛇而去，它或许是为了不把
幼蛇当作猎物吃掉才这样做
的。和父母不同，小眼镜王
蛇身体上有条纹图案，但
刚一出生它们就能分泌
有危险的毒液。

完全展开的"风帽"

鳞状皮肤

成年眼镜王蛇的鳞片
平滑而富有光泽，
呈深橄榄棕色。成
年眼镜王蛇每年蜕
皮4~6次。

最长的
毒蛇

口水涟涟的追猎者

科莫多巨蜥的唾液中有很多细菌，被它们咬过的伤口很快会感染溃烂。它们用这招来对付那些太过强大且无法靠武力制胜的猎物。科莫多巨蜥的唾液中还有一种温和的毒素，咬过猎物后，巨蜥会以舌头为探测器循着气味追踪猎物，等待猎物倒下死后再享用美餐。

最大的
蜥蜴

> **"科莫多巨蜥一餐能吃下相当于自身体重80%的食物"**

蜥蜴怪兽

科莫多巨蜥

科莫多巨蜥凭借长长的爪子和锯齿一样的牙齿统治着科莫多岛。科莫多巨蜥吃肉，靠舌头上敏锐的嗅觉感受器分辨空气中的气味来觅食。它能在半个岛以外的地方嗅到死去的野猪和鹿的气味，而那些活着的动物，如野猪和鹿，同样是这种出其不意、行动迅速的爬行动物的目标。它们用强壮的尾巴横扫，将猎物击倒，然后一口咬住喉咙将其毙命。它们可以将小型猎物整个吞下，稍后会将难以消化的角、毛发和牙齿以黏糊糊的秽物的形式吐出来。

特征一览

- **体形** 头尾长3.1米，尾和身体等长
- **栖所** 海拔700米的热带草原和干爽森林
- **分布** 主要分布在印度尼西亚的科莫多岛及其周边4个岛屿
- **食物** 腐肉和几乎所有活的动物

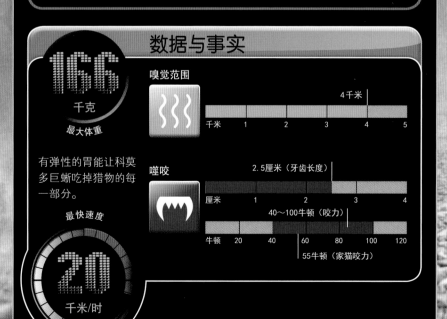

数据与事实

166 千克
最大体重

有弹性的胃能让科莫多巨蜥吃掉猎物的每一部分。

20 千米/时
最快速度

嗅觉范围

千米	1	2	3	4	5

4千米

噬咬

2.5厘米（牙齿长度）

厘米	1	2	3	4

40～100牛顿（咬力）

牛顿	20	40	60	80	100	120

55牛顿（家猫咬力）

超级挤压器
水蚺

特征一览

体形 最长可达6米（可能还会更长），身体直径30厘米

栖所 雨林和开阔草原的浅水区域与沼泽

分布 南美洲

食物 能压制的所有哺乳动物、鸟类、爬行动物

水蚺的拥抱并不意味着友好，它的拥抱是通向死亡的大门。这种肌肉发达的蛇紧紧地缠绕着猎物，用力挤压直到猎物窒息而亡。虽然水蚺在地面上行动缓慢又沉重，但它能轻易压制体形大如鹿或貘的动物。

肝脏是体内最大的器官

胃能容下并消化大型猎物

大口一开

水蚺的颌骨铰接松弛，颌的前端能够打开，因此水蚺能吞下比它头部还要宽的猎物。和其他的蟒一样，水蚺是无毒的；和所有的蛇一样，水蚺不咀嚼，直接将猎物整个吞下。

口部皮肤具有弹性，能捕获体形大的猎物

向后的尖牙能强有力地钳住挣扎的猎物

颌的铰接较为松弛

气管位于口腔前端，在吞咽时也不阻碍呼吸

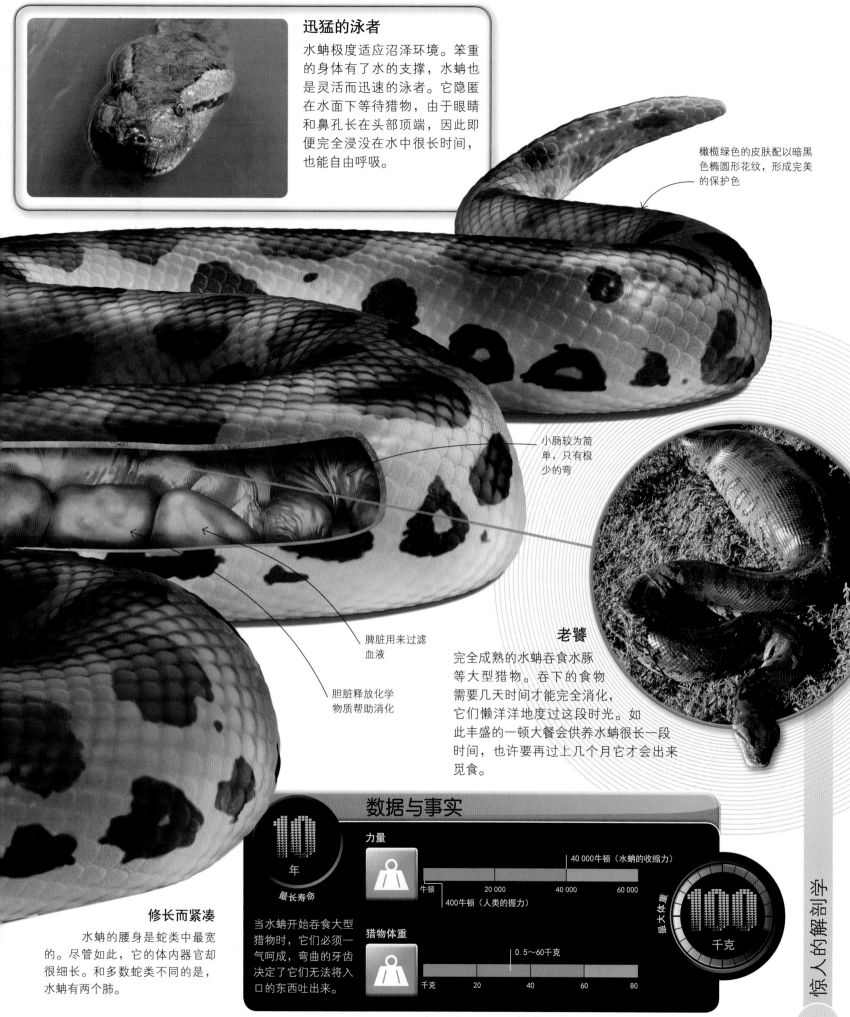

迅猛的泳者

水蚺极度适应沼泽环境。笨重的身体有了水的支撑，水蚺也是灵活而迅速的泳者。它隐匿在水面下等待猎物，由于眼睛和鼻孔长在头部顶端，因此即便完全浸没在水中很长时间，也能自由呼吸。

橄榄绿色的皮肤配以暗黑色椭圆形花纹，形成完美的保护色

小肠较为简单，只有极少的弯

脾脏用来过滤血液

胆脏释放化学物质帮助消化

老饕

完全成熟的水蚺吞食水豚等大型猎物。吞下的食物需要几天时间才能完全消化，它们懒洋洋地度过这段时光。如此丰盛的一顿大餐会供养水蚺很长一段时间，也许要再过上几个月它才会出来觅食。

修长而紧凑

水蚺的腰身是蛇类中最宽的。尽管如此，它的体内器官却很细长。和多数蛇类不同的是，水蚺有两个肺。

数据与事实

10 年
最长寿命

当水蚺开始吞食大型猎物时，它们必须一气呵成，弯曲的牙齿决定了它们无法将入口的东西吐出来。

力量

40 000牛顿（水蚺的收缩力）

| 牛顿 | 20 000 | 40 000 | 60 000 |

400牛顿（人类的握力）

猎物体重

0.5～60千克

| 千克 | 20 | 40 | 60 | 80 |

最大体重 **100** 千克

毒牙之王
加蓬蝰

如果放任不管，不加以治疗的话，被加蓬蝰咬伤那可是致命的。这种体形巨大的蝰生活在非洲的森林和草原上，它们在那里捕食鸟类以及体形大如侏羚羊的哺乳动物。和其他小型蝰蛇咬了猎物就松口，静待猎物毒发身亡的方式不同，加蓬蝰仍有力量紧紧地将猎物咬住不松口，直到其彻底死亡。

闪电出击

加蓬蝰的袭击速度非常快，被它那长长的、铰链一般的獠牙咬住将会痛苦万分。尽管它们的外形可怕，但如果不是受到侵犯，加蓬蝰很少主动出击。

> "和其他蛇
> **相比**，加蓬蝰能
> **产生**更多**毒液**"

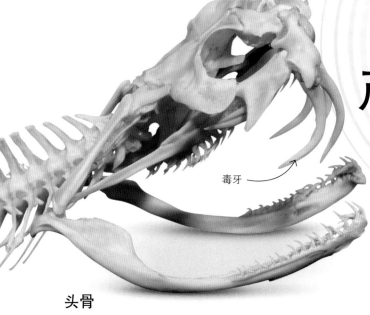

毒牙

头骨

蝰的下颌骨和头骨的铰接松弛。颌骨前部能伸展开来，可以使蝰吞下大型动物。

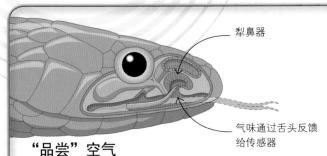

犁鼻器

气味通过舌头反馈给传感器

"品尝"空气

和其他蛇一样，加蓬蝰的上颌有一种叫作"犁鼻器"的能感知气味的传感器。蝰的舌头不停地吞吐，伸出的舌尖搜集到空气中的各种物质，缩回后进入犁鼻器的囊中，气味传感器在这里对搜集到的猎物的气味颗粒进行分析。

特征一览

- **体形** 体长1.2～1.5米
- **栖所** 森林和开阔灌木丛
- **分布** 非洲中部
- **食物** 适宜吞咽的哺乳动物和鸟类

毒牙
最长的蛇

攻击力

加蓬蝰硕大的三角形头部极其特殊：在鼻孔的中间有两个小角。如受到入侵者的惊扰，它会膨胀身体，发出响亮的嘶嘶声，警告敌人退后，如不奏效，它会发起攻击将毒液深深地注入敌人体内。

分叉的舌头负责收集气味

隐身术

加蓬蝰身上棕色、黑色和奶油色的花纹和周围堆满落叶的环境非常相似，这为它提供了完美的伪装。它能在原地静待几个小时，坐等猎物上门。

数据与事实

16 千克
最大体重

加蓬蝰具有可快速转动的眼睛，能准确锁定猎物，确保成功袭击。

毒牙长度

厘米	2	4	6	5厘米

毒液

100～180滴（一口注入）

0	50	100	150	200

3～20滴（致死一人）

猎物体重

30克（鼠）～2 000克（兔子）

克	500	1 000	1 500	2 000	2 500

2 米/秒
袭击速度

67

攀岩冠军

壁虎

许多昆虫能在光滑竖直的平面上行走，很多种壁虎也能如此，尽管它们的体重是小昆虫的百万倍。壁虎的这种小把戏，其秘密就在于足趾上的肉垫。它们每根足趾上都覆盖着数以百万计像毛发一样细小毛状突起，称为刚毛，30根这种微绒毛加起来跟人类的一根毛发差不多粗。每根刚毛都可以牢固地附着在墙壁表面，因为数量众多，聚合在一起足以支撑这种小爬行动物的体重。

大眼睛有助于壁虎觅食

柔软的鳞状皮肤

昼行壁虎

壁虎有数百种，大多数体色灰暗，在夜晚活动。但这些生活在马达加斯加岛和印度洋其他岛屿上的昼行壁虎有着艳绿色的皮肤，能使它们隐蔽在树叶的背景色中。昼行壁虎的瞳孔呈圆形，而夜行壁虎的瞳孔是一条纵向的细线。

附着的力量

壁虎足趾的肉垫上有一排排薄板状的条带结构，每个条带结构上又覆盖着微小的"毛发"，用于抓握。壁虎足趾甚至能让它们牢牢地附着在玻璃上。

条带结构

清洁无垢的眼睛

大多数壁虎没有眼睑。为了保护眼睛，它们会不停地用舌头舔舐眼睛表面，用唾液保持眼睛清洁和湿润。

唾液能保持眼球湿润

背部有与众不同的橘色斑点

"壁虎的足趾相当有黏性，能使它在天花板上行走"

尾的长度和身体相当

数据与事实

足底刚毛

毫米 | 0.1毫米（刚毛长度）
0.10　0.15　0.20

根/平方毫米 | 14 000根/平方毫米
5 000　10 000　15 000

体重
克 | 0.14~350克
100　200　300　400

350 克
最大体重

速度
步/秒 | 1~15步/秒
5　10　15　20

1 米/秒
在坚直表面的爬行速度

壁虎足趾上条带状结构的刚毛越多，它附着的能力越强。壁虎需要保持足底清洁，脏东西会影响它们的附着力。

特征一览

- 体形　体长4~35厘米
- 栖所　所有温暖的环境，但大多数种类生活在森林中
- 分布　除寒冷区域以外的全世界范围
- 食物　昆虫

足趾能吸附在任何物体的表面

沼泽怪兽

湾鳄

没什么能逃过鳄鱼之口。湾鳄体重和一辆小型汽车差不多，它处于食物链的顶端，属于大型哺乳动物，是包括人类在内的其他动物的克星。湾鳄更爱淡水沼泽，但它们常常游到海里去。

牙齿坚固又锋利

眼睛位于头顶，即使身体全部沉没在水中也不影响视物

特征一览

体形	雄性体长可达7米，雌性体长约为雄性的一半
栖所	河流、河口和咸水中
分布	印度、东南亚、新几内亚岛和澳大利亚
食物	水牛等大型动物

鳄之齿

湾鳄露出牙齿的长长的吻部就像一把虎头钳，能夹住挣扎的猎物。下排第四颗牙齿完全和上颌部的缺口凹槽相吻合，这是它和短吻鳄的区别。

足有蹼，适合游泳

长有4个心室的心脏输送氧气至肌肉

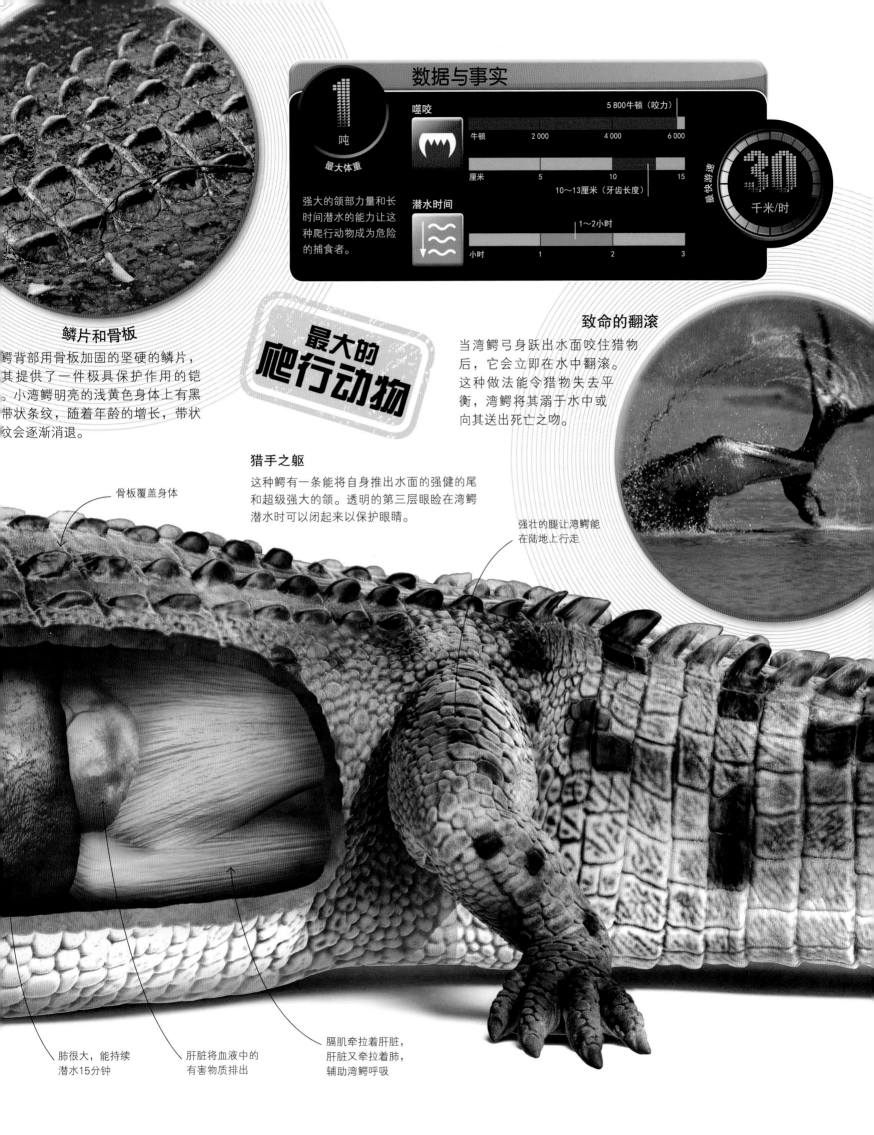

数据与事实

1 吨
最大体重

强大的颌部力量和长时间潜水的能力让这种爬行动物成为危险的捕食者。

噬咬

| 牛顿 | 2 000 | 4 000 | 6 000 |

5 800牛顿（咬力）

| 厘米 | 5 | 10 | 15 |

10～13厘米（牙齿长度）

潜水时间

1～2小时

| 小时 | 1 | 2 | 3 |

30 千米/时
最快游速

鳞片和骨板

鳄背部用骨板加固的坚硬的鳞片，其提供了一件极具保护作用的铠。小湾鳄明亮的浅黄色身体上有黑带状条纹，随着年龄的增长，带状纹会逐渐消退。

最大的爬行动物

致命的翻滚

当湾鳄弓身跃出水面咬住猎物后，它会立即在水中翻滚。这种做法能令猎物失去平衡，湾鳄将其溺于水中或向其送出死亡之吻。

猎手之躯

这种鳄有一条能将自身推出水面的强健的尾和超级强大的颌。透明的第三层眼睑在湾鳄潜水时可以闭起来以保护眼睛。

骨板覆盖身体

强壮的腿让湾鳄能在陆地上行走

肺很大，能持续潜水15分钟

肝脏将血液中的有害物质排出

膈肌牵拉着肝脏，肝脏又牵拉着肺，辅助湾鳄呼吸

闪电舌击
变色龙

森林中舌头伸缩最迅速的动物当属变色龙，它是一种奇异的树栖爬行动物，有着如手一般能抓握的足，和可同时朝不同方向旋转的眼睛。变色龙是捕捉快速移动的昆虫的专家。它们朝着目标迅速射出不可思议的长舌，舌顶端鼓起的吸盘粘住猎物，然后闪电般将舌头缩回口中。

特征一览

- **体形**　体长4～65厘米
- **栖所**　大多数栖于森林
- **分布**　地中海、非洲（包括马达加斯加岛）、印度
- **食物**　昆虫

腹部有刺脊

可抓握的尾

和其他树栖变色龙一样，七彩变色龙有一条能抓握的长尾，如同它们的第五条腿。变色龙在树枝上行动时，尾提供额外的抓握力。

鲜艳的体色随情绪而变化

无须抓握树枝时，尾巴会蜷曲起来

"舌头通常比身体还要长"

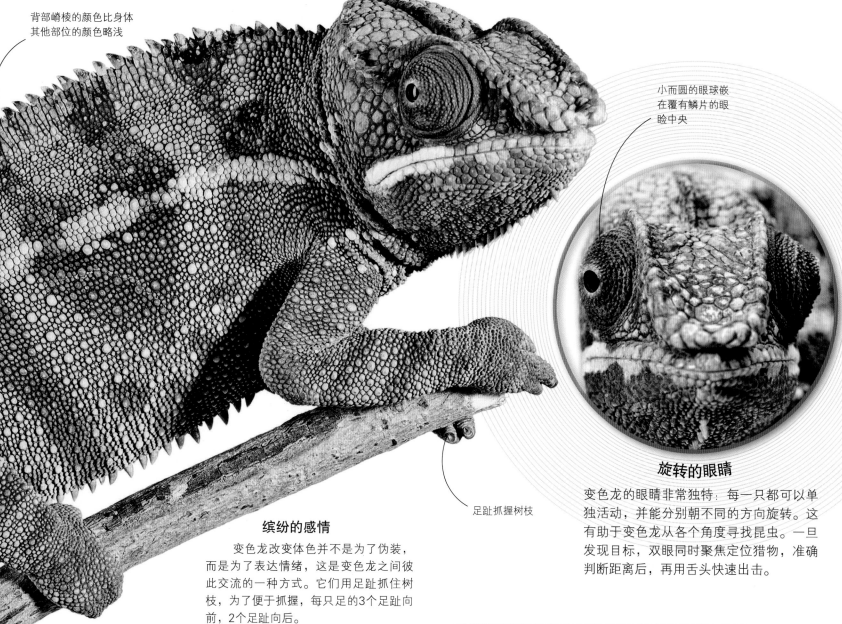

背部嵴棱的颜色比身体
其他部位的颜色略浅

小而圆的眼球嵌
在覆有鳞片的眼
睑中央

足趾抓握树枝

缤纷的感情

变色龙改变体色并不是为了伪装，
而是为了表达情绪，这是变色龙之间彼
此交流的一种方式。它们用足趾抓住树
枝，为了便于抓握，每只足的3个足趾向
前，2个足趾向后。

旋转的眼睛

变色龙的眼睛非常独特：每一只都可以单
独活动，并能分别朝不同的方向旋转。这
有助于变色龙从各个角度寻找昆虫。一旦
发现目标，双眼同时聚焦定位猎物，准确
判断距离后，再用舌头快速出击。

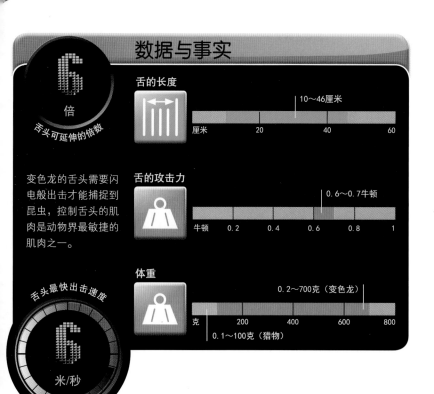

数据与事实

6 倍
舌头可延伸的倍数

变色龙的舌头需要闪
电般出击才能捕捉到
昆虫，控制舌头的肌
肉是动物界最敏捷的
肌肉之一。

6 米/秒
舌头最快出击速度

舌的长度
10～46厘米
厘米 20 40 60

舌的攻击力
0.6～0.7牛顿
牛顿 0.2 0.4 0.6 0.8 1

体重
0.2～700克（变色龙）
克 200 400 600 800
0.1～100克（猎物）

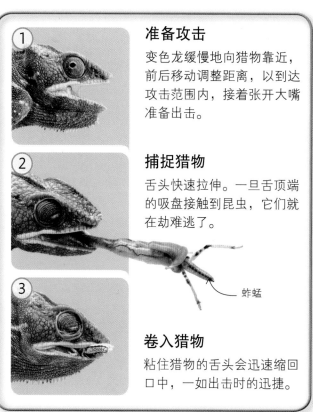

1 准备攻击

变色龙缓慢地向猎物靠近，
前后移动调整距离，以到达
攻击范围内，接着张开大嘴
准备出击。

2 捕捉猎物

舌头快速拉伸。一旦舌顶端
的吸盘接触到昆虫，它们就
在劫难逃了。

蚱蜢

3 卷入猎物

粘住猎物的舌头会迅速缩回
口中，一如出击时的迅捷。

为了活着

这种身体柔软的蛙（特别是体形比硬币还小的蛙），一旦身体变干就会很快死亡，因此它们需要潮湿的环境存活。阿马乌童蛙只在黄昏和黎明时分活动，它们发出的尖锐的鸣叫声更像昆虫而非蛙类。

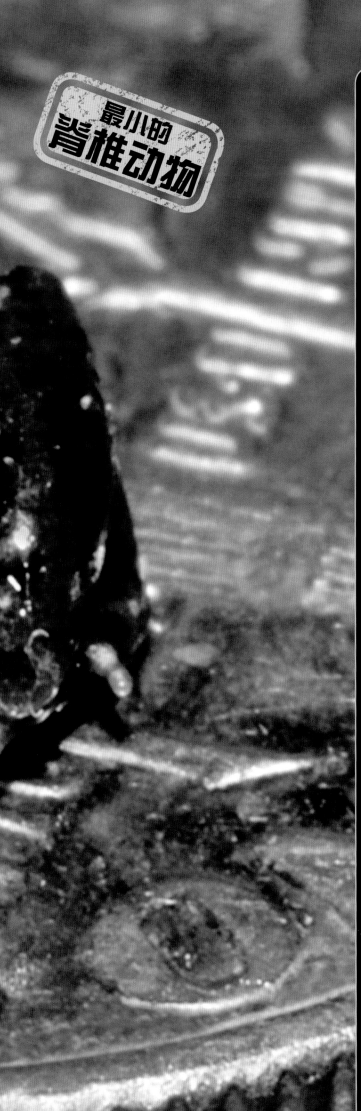

迷你生灵
阿马乌童蛙

阿马乌童蛙体形微小，它能舒舒服服地坐在成人的指甲盖上，此外还有可活动的空间。它生活在巴布亚新几内亚雨林铺满地表的落叶堆中，这种环境提供给它天然的伪装和保护以躲避猎食者。阿马乌童蛙栖息于此，完成生命的整个过程：它们在湿润的地面产下柔软而潮湿的卵，卵并不孵化成蝌蚪，而是直接孵化出成体的微缩版。对这种微型蛙来说，在地表爬行的最小的昆虫就足以让它饱餐一顿了。

特征一览

- **体形** 头体长7～8毫米
- **栖所** 雨林地表的枯叶堆中
- **分布** 巴布亚新几内亚
- **食物** 小型昆虫和螨虫

数据与事实

8 毫米

最大体长

在嘈杂的雨林中，阿马乌童蛙用与众不同的尖锐鸣叫声彼此交流。

体形

4毫米（小腿长）

| 毫米 | 2 | 4 | 6 | 8 |

3毫米（头宽）

叫声

8.4～9.4千赫（音高）

| 千赫 | 20 | 40 | 60 | 80 | 100 |

| 分钟 | 1 | 2 | 3 | 4 |

1～3分钟（持续时间）

发现时间

2009 年

最佳重生奖

科学的奇迹

野生钝口螈非常罕见，只有在墨西哥城郊区的两个小湖泊中才能见到。它们的身体再生能力吸引着科学家的目光——来自其他蝾螈的移植器官能在它们的体内正常运行，甚至它们大脑的某些区域也具有再生能力。

不老童颜
钝口螈

钝口螈是一种水栖蝾螈。当钝口螈受到伤害后，它的身体不会结痂而是自我修复，再生缺失的部分。对于钝口螈来说，这是一招顽强的自我保护术。钝口螈可以活10~15年，但它们几乎不会长大。其他的两栖动物在幼时都有鳃，成年后长出能呼吸的肺，但钝口螈即便长大也一直保持着羽状鳃，只有在栖息的水生环境干涸的情况下才会失去鳃。

特征一览

- **体形**　头尾长30厘米
- **栖所**　淡水湖和排水渠
- **分布**　墨西哥霍奇米尔科湖和泽尔高湖
- **食物**　幼时食藻类，再大一点儿以水生昆虫和其他小型动物为食

人工饲养的钝口螈通常都有白化病，身体呈灰白色

数据与事实

15
年
最长寿命

成长

1周（孵化出前腿）

周	1	2	3

和所有冷血两栖动物一样，钝口螈在温度上升的环境下更为活跃，生长也更快。

5周（成体长到3厘米）

周	5	10	15

70周（成体长到25厘米）

周	25	50	75

再生肢体所需时间

2
个月

蟾蜍之最
蔗蟾

蔗蟾是世界上最大的蟾蜍之一。遇敌时，它体表释放的恶臭剧毒能有效赶走敌人。在它的老家南美洲，很少有动物会去吃它。当蔗蟾作为防治害虫的生物被引入澳大利亚后，其本身却因捕食原生物种而成为公害。

特征一览

耳位于眼后

- **体形** 体长10～24厘米
- **栖所** 森林、开阔林地
- **分布** 原产南美洲，现已被引入全球多地
- **食物** 昆虫、蠕虫和其他小型动物

"它能**吃**掉**啮齿动物**或**小型蛇类**"

皮肤颜色提供良好的伪装

带蹼的后足

很多蛙和蟾蜍都有宽阔的蹼足，适于在水中游泳，但蔗蟾的足却只有部分带蹼。它们大多数时间生活在干燥的草丛中，只有繁殖的时候才会入水。

长长的足趾间有半透明的蹼

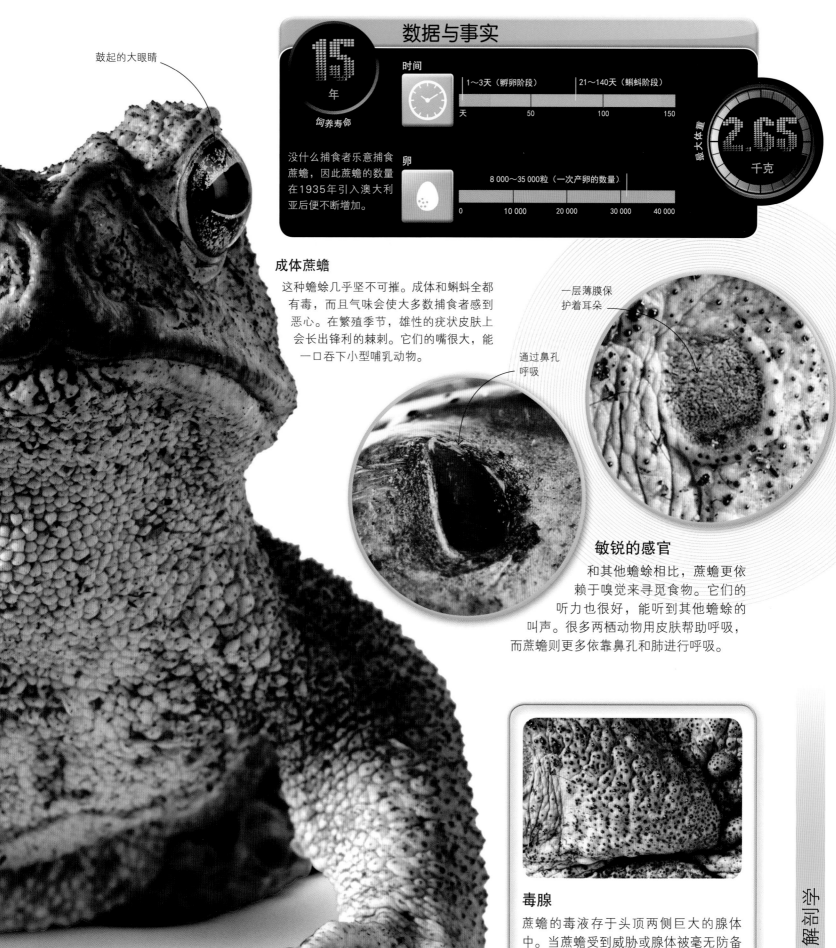

数据与事实

15 年

饲养寿命

时间

天	50	100	150

1～3天（孵卵阶段）　21～140天（蝌蚪阶段）

没什么捕食者乐意捕食蔗蟾，因此蔗蟾的数量在1935年引入澳大利亚后便不断增加。

卵

8 000～35 000粒（一次产卵的数量）

0	10 000	20 000	30 000	40 000

最大体重 2.65 千克

成体蔗蟾

这种蟾蜍几乎坚不可摧。成体和蝌蚪全都有毒，而且气味会使大多数捕食者感到恶心。在繁殖季节，雄性的疣状皮肤上会长出锋利的棘刺。它们的嘴很大，能一口吞下小型哺乳动物。

一层薄膜保护着耳朵

通过鼻孔呼吸

敏锐的感官

和其他蟾蜍相比，蔗蟾更依赖于嗅觉来寻觅食物。它们的听力也很好，能听到其他蟾蜍的叫声。很多两栖动物用皮肤帮助呼吸，而蔗蟾则更多依靠鼻孔和肺进行呼吸。

毒腺

蔗蟾的毒液存于头顶两侧巨大的腺体中。当蔗蟾受到威胁或腺体被毫无防备的捕食者挤压的时候，恶臭的毒液就会被释放出来。

毒王
黄金箭毒蛙

这种身体呈明黄色的蛙，尽管体形几乎比你的拇指大不了多少，却极端危险。它们生活在雨林地表，用黏糊糊的舌头尽情享用昆虫。箭毒蛙吃下的某些昆虫含有毒素，毒素对它们毫无影响，即使蝌蚪也是如此，它们能将毒素储存在皮肤里。蝌蚪们骑在爸爸背上，直到爸爸找到一处水洼将它们放进去。

特征一览

- **体形** 从鼻到身体末端最长可达4.7厘米
- **栖所** 雨林堆满落叶的地表，蝌蚪生活在凤梨科植物叶片构筑出的小水洼中
- **分布** 哥伦比亚的安第斯山脉
- **食物** 昆虫和其他小型无脊椎动物

数据与事实

3
年
野生箭毒蛙寿命

和南美洲的其他箭毒蛙相比，黄金箭毒蛙产生的毒素，其毒性可高出20倍。这种毒素能使捕食者肌肉麻痹，最终导致心脏停搏。

毒素
1/20滴（可以杀死1 000只老鼠）
1/10滴（可以杀死一个人）
0　　　　　　　　　　1滴（一只蛙能产生的毒素）

摄食比例
33%（其他无脊椎动物）
33%（蚁）　33%（甲虫）
0　　　　　　　　　　100%

叫声音高
1.8千赫
千赫　20　40　60　80　100
0.12千赫（人类）

一只箭毒蛙能杀死的人数
10
人

惊人的解剖学

"仅仅**摸一下**它的皮肤，就能导致**死亡**"

颜色警告

幼蛙黑色皮肤上有金色条纹，成长几个月后体色会完全变为金色。这种鲜艳的色彩向捕食者发出警告：它们是致命的。雨林中的原住民猎人将黄金箭毒蛙的毒素涂抹在吹箭的箭头上。

露齿的恐怖分子
蝰鱼

在海底潜伏着一种鱼，它们的牙齿就是噩梦之源。在幽深漆黑的大海中，食物很难寻觅，因此生活在此的捕食者必须拥有捕猎的真功夫。蝰鱼的武器是背鳍上的发光器，它们不断发光引诱着猎物，一旦目标出现，蝰鱼就会飞速冲过去，猛地咬住猎物使之毫无脱身之机。蝰鱼长长的像针一样的獠牙能牢牢钉住挣扎的猎物，继而下颌张开，放松喉咙，即便是特别大型的猎物也能轻松滑入它的胃中。

特征一览

- **体形**　体长20～35厘米
- **栖所**　深海
- **分布**　全世界范围内的热带和亚热带海域
- **食物**　能进入口中的一切动物，主要以虾、鱿鱼、蟹和小型鱼类为食

数据与事实

1000 米
栖息水下深度

在深海中食物相当稀缺，因此蝰鱼随时随地都在储存食物。它的胃极具弹性，当食物非常充足的时候，它的胃能膨胀到原来的两倍。

猎物体长
12～22厘米（相当于蝰鱼63%的体长）

厘米	5	10	15	20	25

牙齿
8颗（上颌）　　10～18颗（下颌）

0	4	8	12	16	20

厘米	1	2	3	4

1.25厘米（最长牙齿长度）

头部长度

厘米	2	4	6	8

2.5厘米

游速
15 千米/时

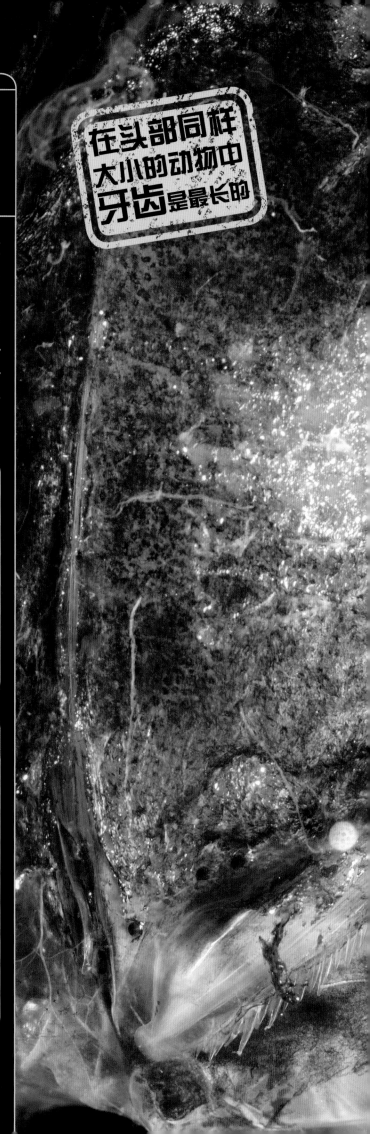

在头部同样大小的动物中牙齿是最长的

咬你没商量
大白鲨

大白鲨是海洋中最令人生畏的鱼类。它们的昭彰恶名来自它们对大型温血动物的捕杀偏好：海豹、海鸟，偶尔还有人类，都是大白鲨的食物。强大的肌肉群，可以使它们快速追击猎物，或从猎物身体下方猛烈撞击猎物。只需咬一口，大白鲨就能造成可怕的伤口，即便是脂肪层最厚的皮肤也难以抵御。

剃刀般锋利

每颗三角形的牙齿都有锯齿状的边缘，如同厨房餐刀一般锋利。牙齿成排地排列在口腔内，有300多颗。

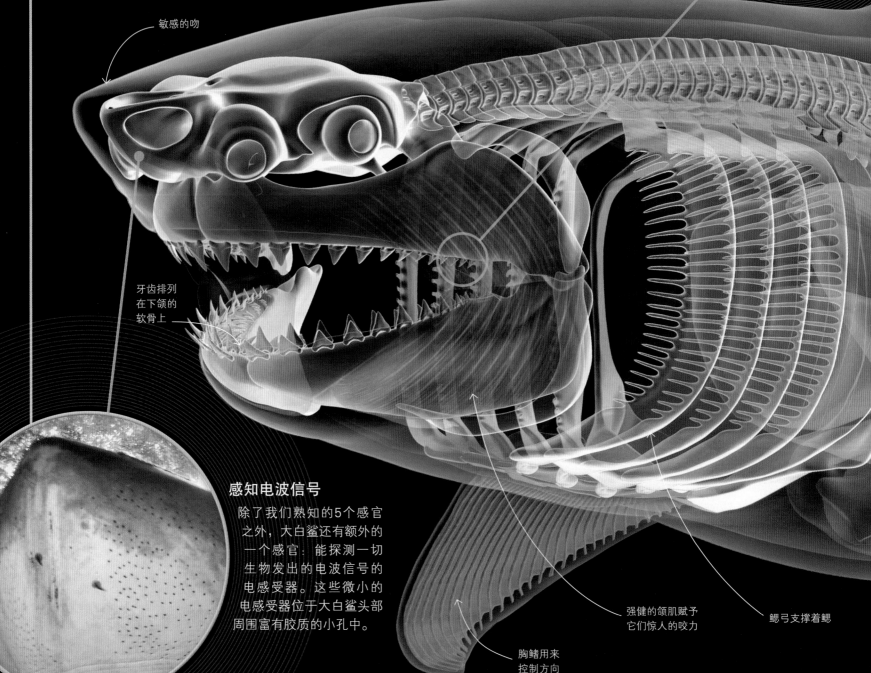

敏感的吻

牙齿排列在下颌的软骨上

感知电波信号

除了我们熟知的5个感官之外，大白鲨还有额外的一个感官：能探测一切生物发出的电波信号的电感受器。这些微小的电感受器位于大白鲨头部周围富有胶质的小孔中。

胸鳍用来控制方向

强健的颌肌赋予它们惊人的咬力

鳃弓支撑着鳃

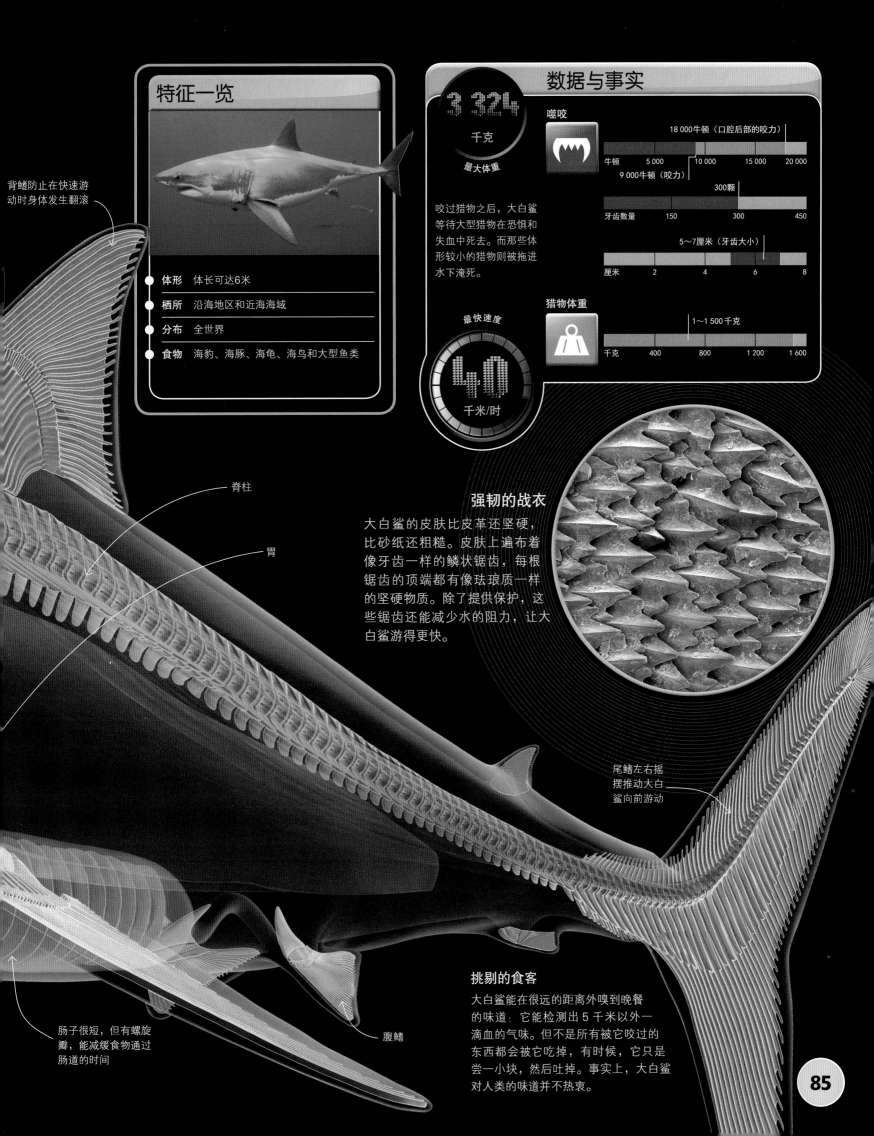

特征一览

背鳍防止在快速游动时身体发生翻滚

体形 体长可达6米

栖所 沿海地区和近海海域

分布 全世界

食物 海豹、海豚、海龟、海鸟和大型鱼类

数据与事实

3 324 千克

最大体重

咬过猎物之后，大白鲨等待大型猎物在恐惧和失血中死去。而那些体形较小的猎物则被拖进水下淹死。

噬咬

| 牛顿 | 5 000 | 10 000 | 15 000 | 20 000 |
18 000牛顿（口腔后部的咬力）
9 000牛顿（咬力）

| 牙齿数量 | 150 | 300 | 450 |
300颗

| 厘米 | 2 | 4 | 6 | 8 |
5～7厘米（牙齿大小）

猎物体重

| 千克 | 400 | 800 | 1 200 | 1 600 |
1～1 500千克

最快速度

40 千米/时

脊柱

胃

强韧的战衣

大白鲨的皮肤比皮革还坚硬，比砂纸还粗糙。皮肤上遍布着像牙齿一样的鳞状锯齿，每根锯齿的顶端都有像珐琅质一样的坚硬物质。除了提供保护，这些锯齿还能减少水的阻力，让大白鲨游得更快。

尾鳍左右摇摆推动大白鲨向前游动

肠子很短，但有螺旋瓣，能减缓食物通过肠道的时间

腹鳍

挑剔的食客

大白鲨能在很远的距离外嗅到晚餐的味道：它能检测出 5 千米以外一滴血的气味。但不是所有被它咬过的东西都会被它吃掉，有时候，它只是尝一小块，然后吐掉。事实上，大白鲨对人类的味道并不热衷。

无敌海口
鲸鲨

鲸鲨在波光粼粼的海面上缓慢地游弋，以大量漂浮着的被称为浮游生物的微小动物为食。它们大约有4 000颗小牙齿，但并不用于进食。取而代之以巨口和覆盖着角质滤耙的鳃弓过滤水中的浮游生物来进食，这个过程称为滤食。每分钟都有大量的海水流经鲸鲨的口，然后通过鳃裂排出，被滤过的浮游生物则被吞入腹中。

"这种鲨虽有**巨口，但喉咙却很小**"

特征一览

- **体形** 体长9.7米
- **栖所** 开阔海域的海水表面
- **分布** 全世界范围内的温暖海洋和热带海域
- **食物** 浮游生物（包括磷虾：在开阔海域生存的像虾一样的动物）、小型鱼类和鱿鱼

数据与事实

100 年
推算寿命

作为最大的动物之一的鲸鲨却捕食最小的生物，它喜爱浮游生物丰沛的大洋表面，但也能潜入1 000米以下的深海。

日摄食量

2～3吨（浮游生物）

| 吨 | 1 | 2 | 3 | 4 | 5 |

浮游生物的大小

2～70毫米

| 毫米 | 20 | 40 | 60 | 80 | 100 |

日游行距离

30千米

| 千米 | 10 | 20 | 30 | 40 | 50 |

最快游速
54
千米/时

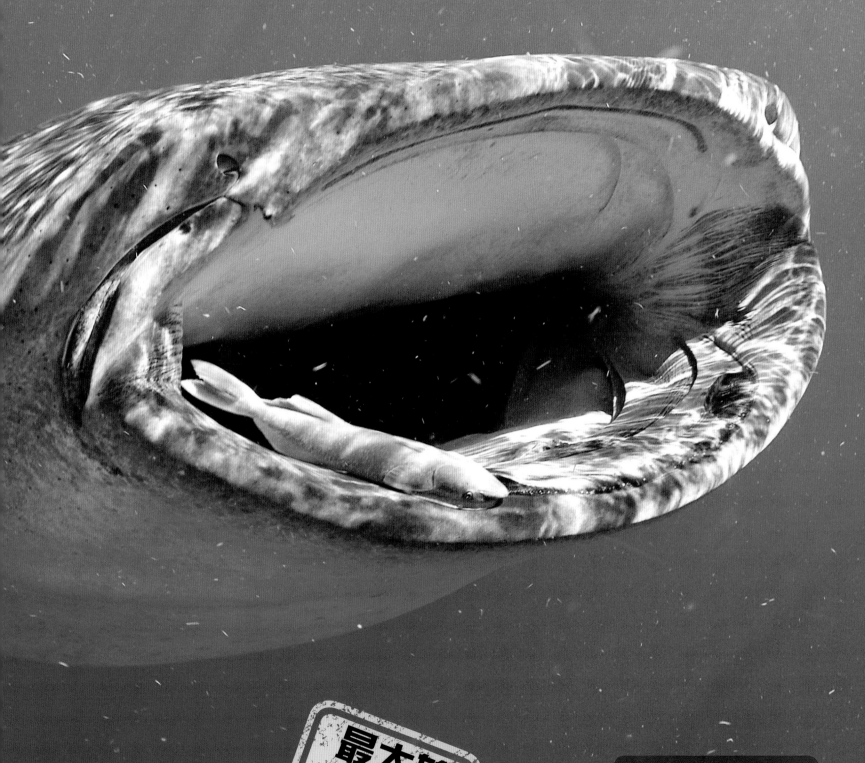

鲸鲨以15厘米的皮肤厚度位列所有动物之首。厚厚的皮肤能保护它免受除了最大的捕食者之外的一切鱼类的攻击。鲫鱼常常骑在鲸鲨上遨游，即便是落入鲸鲨口中也在所不惜。

最大的鱼类

厚厚的皮肤

鲸鲨以15厘米的皮肤厚度位列所有动物之首。厚厚的皮肤能保护它免受除了最大的捕食者之外的一切鱼类的攻击。鲫鱼常常骑在鲸鲨上遨游，即便是落入鲸鲨口中也在所不惜。

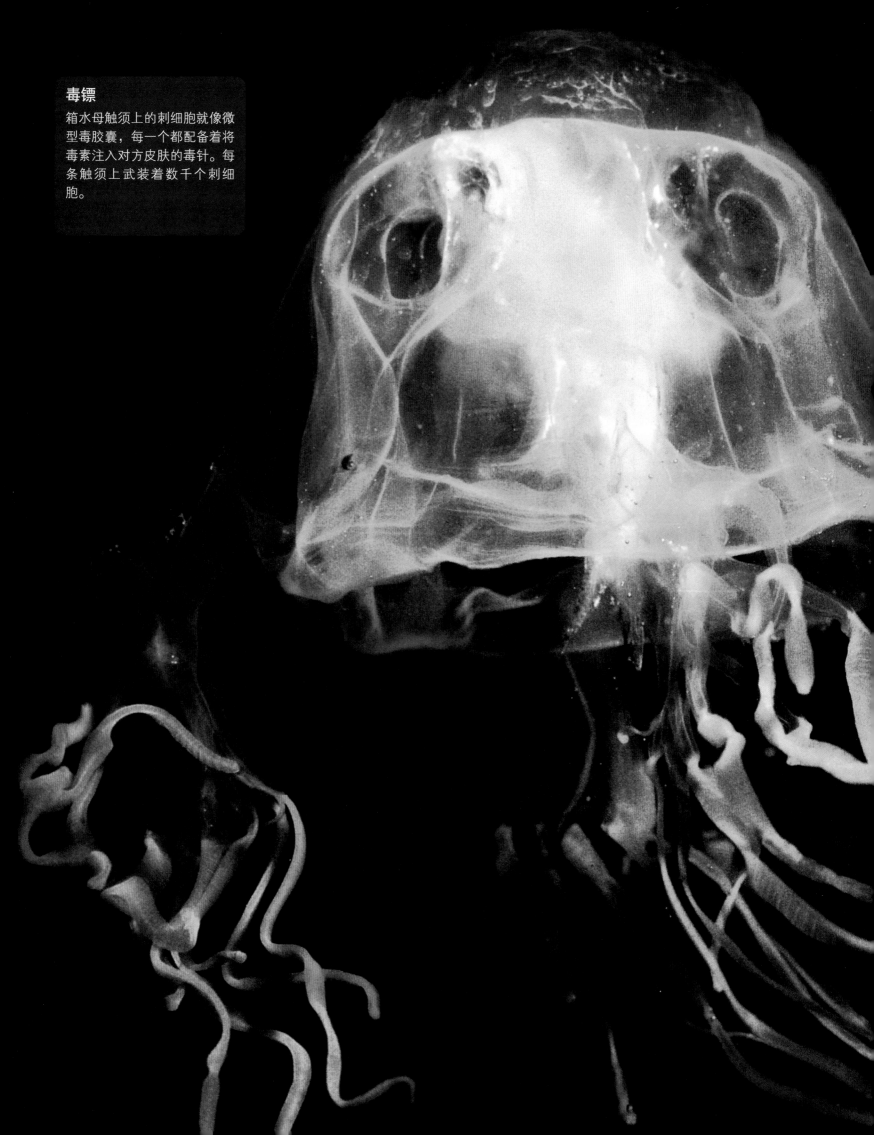

毒镖

箱水母触须上的刺细胞就像微型毒胶囊，每一个都配备着将毒素注入对方皮肤的毒针。每条触须上武装着数千个刺细胞。

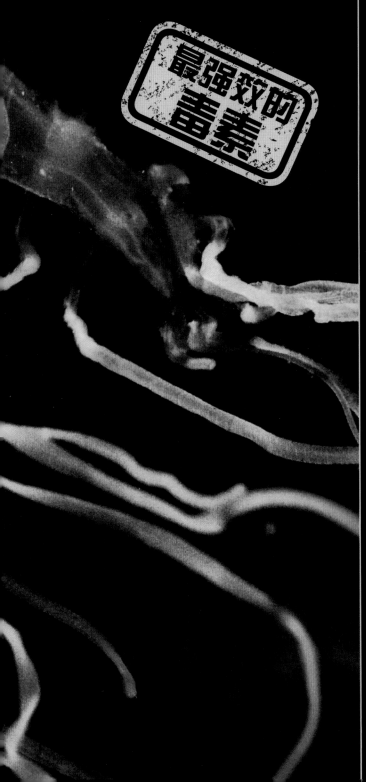

最强致的毒素

致命的海洋刺客
箱水母

被箱水母蜇刺引起的疼痛是最强烈的疼痛之一：它们的毒素毒性强烈，能致人死亡。箱水母在热带海域活动，有时也会漂到海滨浴场，靠近游泳的人。和其他水母不同的是，箱水母在其箱形的用来游泳的"钟罩"上有成串的眼睛，强有力的肌肉能帮助它们对抗洋流，逆流而上。箱水母的身体是透明的，不引人注意，待到游泳者发现的时候，为时已晚。

特征一览

- **体形** "钟罩"可宽达30厘米，触须完全伸展开长1～3米
- **栖所** 开阔海域
- **分布** 全世界范围内的热带和亚热带海域
- **食物** 鱼类和浮游动物

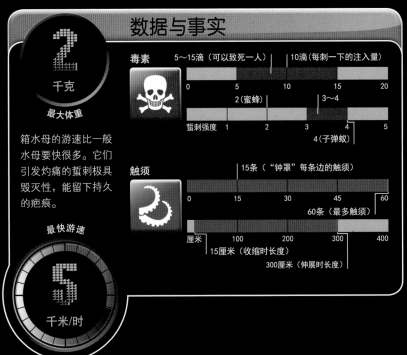

数据与事实

2
千克
最大体重

箱水母的游速比一般水母要快很多。它们引发灼痛的蜇刺极具毁灭性，能留下持久的疤痕。

5
千米/时
最快游速

毒素

5～15滴（可以致死一人）			10滴（每刺一下的注入量）	
0	5	10	15	20

2（蜜蜂）　　　　3～4

蜇刺强度 1	2	3	4	5

4（子弹蚁）

触须

15条（"钟罩"每条边的触须）				
0	15	30	45	60

60条（最多触须）

厘米	100	200	300	400

15厘米（收缩时长度）

300厘米（伸展时长度）

万千动物之家
大堡礁

大堡礁是世界上最大的珊瑚礁群,也是由动物所形成的最大的景观结构。大堡礁纵贯澳大利亚的半个海岸线,在空中可见。它是由珊瑚经数千年的堆积形成的,称为珊瑚虫的微小动物群居在一起,它们分泌的石灰质骨骼构成了珊瑚,经年累月就形成了礁群。

特征一览

- **体形** 长2 600千米
- **栖所** 沿海海域
- **分布** 澳大利亚东北部沿海区域
- **食物** 珊瑚虫以浮游生物为食,也从生活在珊瑚上的藻类中获取糖分和营养

数据与事实

2 万年
推算年龄

珊瑚礁是由珊瑚组成的,就如同树林是由树木组成的一样。数千种不同的动物在珊瑚群周围生活成长。

距海岸线

32～260千米

| 千米 | 50 | 100 | 150 | 200 | 250 | 300 |

构成

1 500种(鱼的种类)
400种(珊瑚的种类)

| 物种 | 400 | 800 | 1 200 | 1 600 |

水温

21℃(冬季)～28℃(夏季)

| ℃ | 10 | 20 | 30 | 40 | 50 |

珊瑚礁长度

2 600 千米

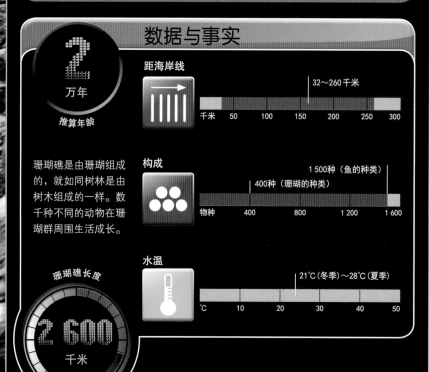

"世界上
5%的鱼类
生活于此"

千姿百态，大小各异
珊瑚的形态多样而奇异。硬质珊瑚的外骨骼形成了岩石般的层面，而其中还生长着软软的肉质珊瑚，有些看起来像大脑，有些看起来像胖胖的手指。

最大的蜘蛛
亚马孙巨人食鸟蛛

如果你讨厌蜘蛛，你肯定不想与世界上最大的蜘蛛——亚马孙巨人食鸟蛛相遇。它的獠牙长超过2厘米，身体能长到橘子那么大。如此巨型的蜘蛛显然要捕食大型猎物，但与"食鸟蛛"这个名字不相符的是，它们更喜爱捕食大型昆虫，有时也吃蜥蜴或小型啮齿动物。

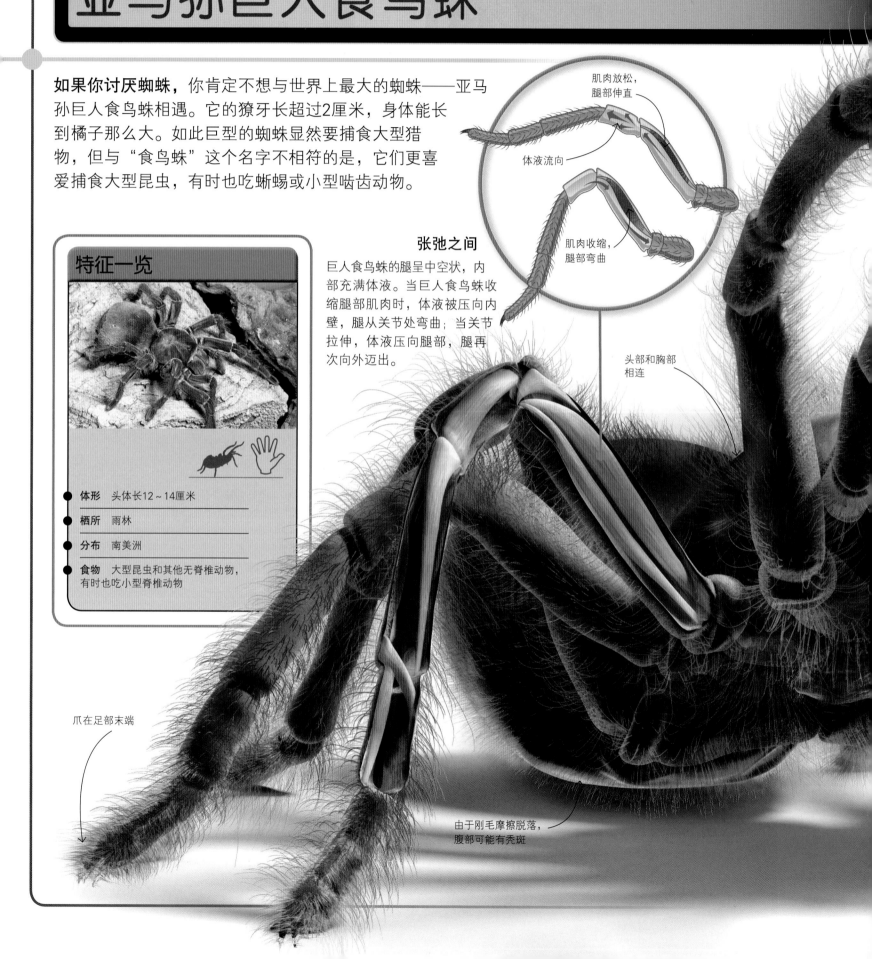

肌肉放松，腿部伸直

体液流向

肌肉收缩，腿部弯曲

张弛之间

巨人食鸟蛛的腿呈中空状，内部充满体液。当巨人食鸟蛛收缩腿部肌肉时，体液被压向内壁，腿从关节处弯曲；当关节拉伸，体液压向腿部，腿再次向外迈出。

头部和胸部相连

特征一览

● 体形	头体长12～14厘米
● 栖所	雨林
● 分布	南美洲
● 食物	大型昆虫和其他无脊椎动物，有时也吃小型脊椎动物

爪在足部末端

由于刚毛摩擦脱落，腹部可能有秃斑

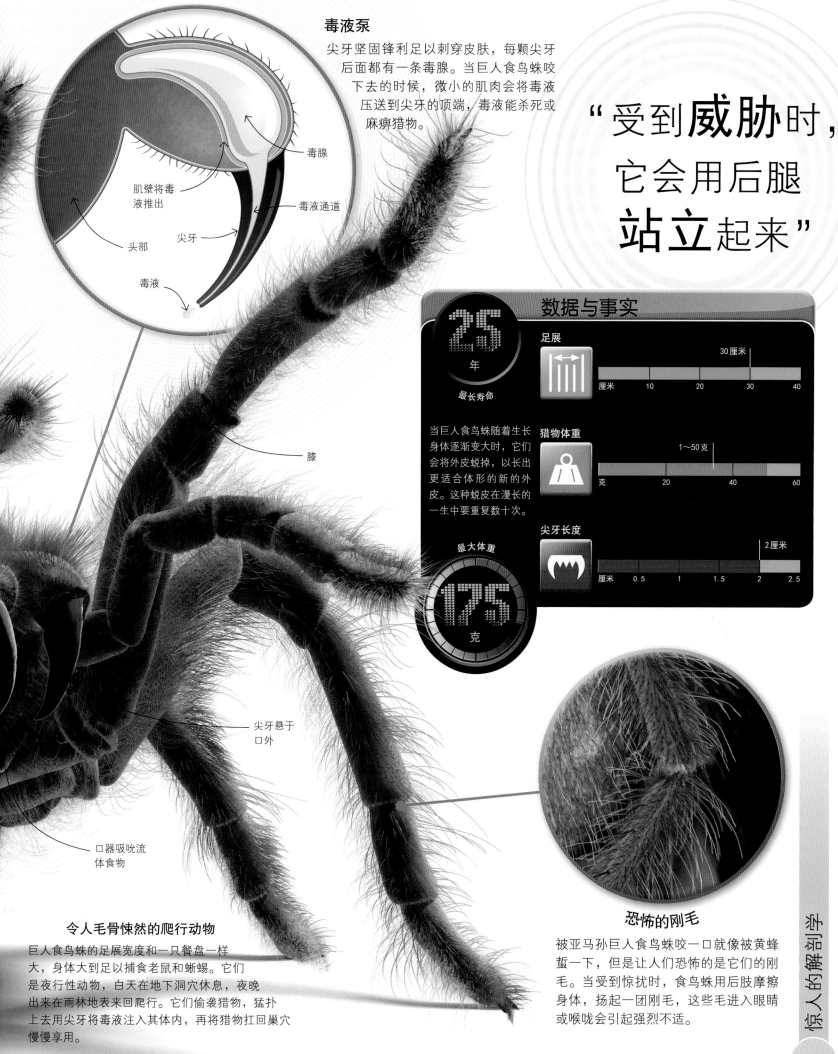

毒液泵

尖牙坚固锋利足以刺穿皮肤，每颗尖牙后面都有一条毒腺。当巨人食鸟蛛咬下去的时候，微小的肌肉会将毒液压送到尖牙的顶端，毒液能杀死或麻痹猎物。

毒腺

肌壁将毒液推出

毒液通道

头部

尖牙

毒液

膝

"受到威胁时，它会用后腿站立起来"

数据与事实

25
年
最长寿命

当巨人食鸟蛛随着生长身体逐渐变大时，它们会将外皮蜕掉，以长出更适合体形的新的外皮。这种蜕皮在漫长的一生中要重复数十次。

最大体重
175
克

足展
30厘米
厘米　　10　　20　　30　　40

猎物体重
1～50克
克　　20　　40　　60

尖牙长度
2厘米
厘米　0.5　　1　　1.5　　2　　2.5

尖牙悬于口外

口器吸吮流体食物

令人毛骨悚然的爬行动物

巨人食鸟蛛的足展宽度和一只餐盘一样大，身体大到足以捕食老鼠和蜥蜴。它们是夜行性动物，白天在地下洞穴休息，夜晚出来在雨林地表来回爬行。它们偷袭猎物，猛扑上去用尖牙将毒液注入其体内，再将猎物扛回巢穴慢慢享用。

恐怖的刚毛

被亚马孙巨人食鸟蛛咬一口就像被黄蜂蜇一下，但是让人们恐怖的是它们的刚毛。当受到惊扰时，食鸟蛛用后肢摩擦身体，扬起一团刚毛，这些毛进入眼睛或喉咙会引起强烈不适。

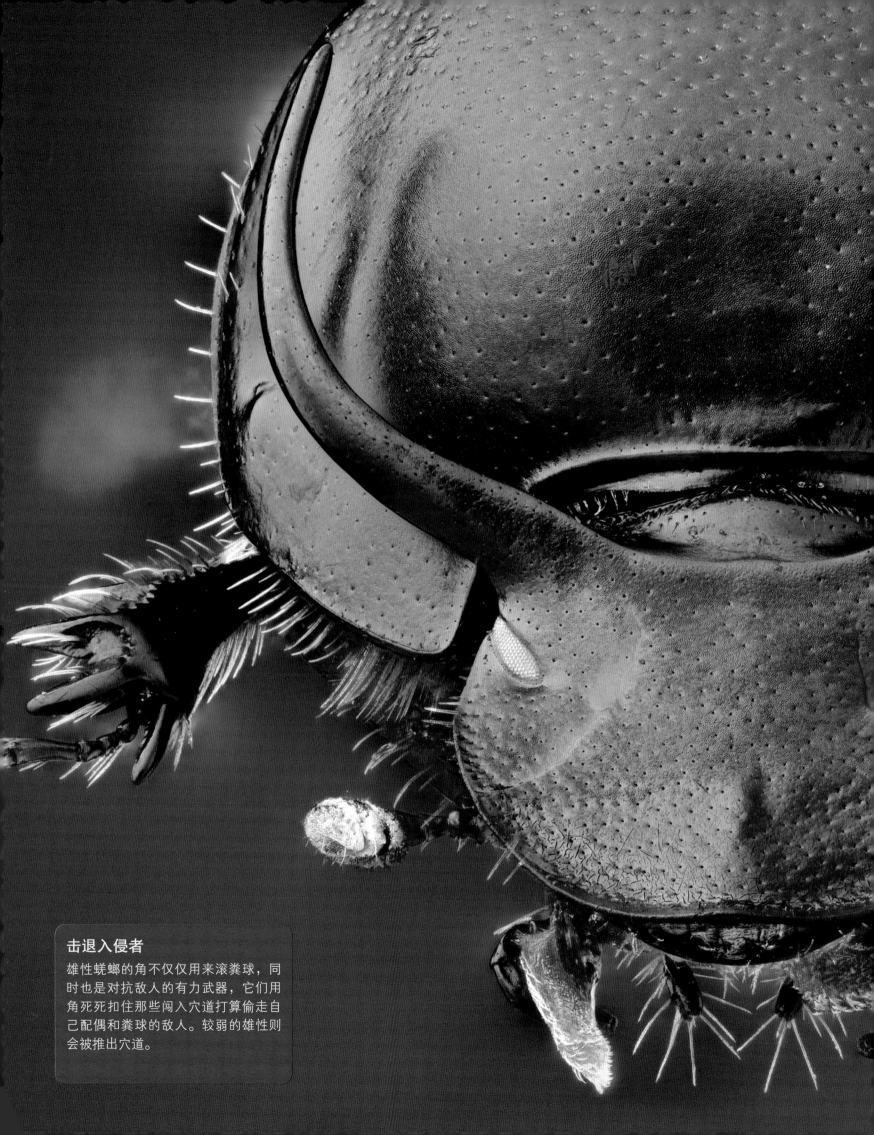

击退入侵者

雄性蜣螂的角不仅仅用来滚粪球，同时也是对抗敌人的有力武器，它们用角死死扣住那些闯入穴道打算偷走自己配偶和粪球的敌人。较弱的雄性则会被推出穴道。

举重界的奇迹
角粪金龟（蜣螂）

想象一下，推着一个苹果那么大的粪球前进的画面，你就能对蜣螂的工作有一定的概念。它们是昆虫界的大力士，以粪为食，喂养自己和幼虫。有角的雄性蜣螂在粪土下掘土挖穴，没有角的雌性将卵产在地下的粪球储藏室内。雄性守卫着入口，以武力驱赶所有入侵者。

特征一览

- **体形** 体长0.8~1厘米
- **栖所** 开阔乡村的沙质土壤
- **分布** 地中海东部的土耳其和伊朗地区，被引入澳大利亚和美国南部
- **食物** 粪便

数据与事实

3 个月
成体寿命

最强壮的雄性守护着地下穴道的入口，但它们的角在穴道中会成为一种阻碍，因此很多敏捷的没有角的雄性就溜过去与雌性交配。

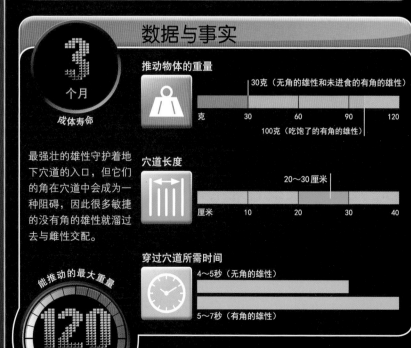

推动物体的重量

	30克（无角的雄性和未进食的有角的雄性）			
克	30	60	90	120

100克（吃饱了的有角的雄性）

穴道长度

		20~30厘米		
厘米	10	20	30	40

穿过穴道所需时间

4~5秒（无角的雄性）

5~7秒（有角的雄性）

能推动的最大重量
120
克

最强壮的
昆虫

昆虫界的巨人
新西兰巨沙螽

沙螽是新西兰的一种**不会飞的大型蟋蟀**。最大的沙螽体重和一只乌鸦差不多，它们只生活在一个叫小巴里尔岛的小型岛屿上。其他种类的沙螽捕食昆虫，而巨沙螽则以树叶为食。它们的体形硕大笨重，因此不能跳跃，只能依靠发出嘶嘶的声响来吓走敌人，如果威慑不奏效，它们会用带刺的腿猛踢对方，引起对方的痛感。只有在受到挑衅时，它们才会咬人。

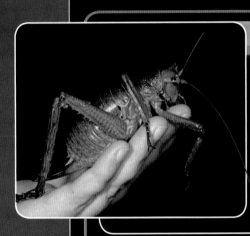

特征一览

- **体形** 体长10厘米
- **栖所** 森林，成体沙螽生活在树上，但雌性会到地面产卵
- **分布** 新西兰小巴里尔岛
- **食物** 树叶

数据与事实

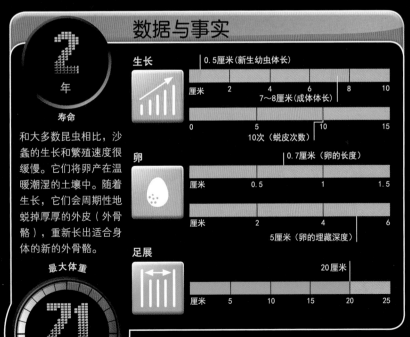

2
年
寿命

和大多数昆虫相比，沙螽的生长和繁殖速度很缓慢。它们将卵产在温暖潮湿的土壤中。随着生长，它们会周期性地蜕掉厚厚的外皮（外骨骼），重新长出适合身体的新的外骨骼。

生长

0.5厘米（新生幼虫体长）

| 厘米 | 2 | 4 | 6 | 8 | 10 |

7～8厘米（成体体长）

| 0 | 5 | 10 | 15 |

10次（蜕皮次数）

卵

0.7厘米（卵的长度）

| 厘米 | 0.5 | 1 | 1.5 |

| 厘米 | 2 | 4 | 6 |

5厘米（卵的埋藏深度）

足展

20厘米

| 厘米 | 5 | 10 | 15 | 20 | 25 |

最大体重

71
克

"巨沙螽可
重达71克"

丑陋的昆虫

在当地毛利语中，巨沙螽的名字意为"丑陋的东西"。它们大部分时间在夜晚活动，白天藏起来躲避捕食者，但它们常常因为拉在树下的巨大粪便而暴露自己。

最壮观的翅膀
乌桕大蚕蛾

乌桕大蚕蛾巨大的薄翼在所有蛾类中可算是最五彩斑斓的。但它们的翅膀也很脆弱，经不起大风的摧残。雌性翅膀比雄性的更大更沉，翼展和鸟类的相当。雌性的唯一职责就是吸引雄性与之交配，在叶片的背面产下卵后就随之死去。

蛾中巨人

尽管有些大型蛾的翅膀更长，但乌桕大蚕蛾的双翼面积更大。成体乌桕大蚕蛾没有口器，无法进食。它们只能依靠毛虫阶段存储下来的脂肪活很短的一段时间。

特征一览

- 体形　翼展25厘米
- 栖所　雨林
- 分布　亚洲东南部
- 食物　成体不进食，毛虫吃某些树的树叶

因为翼的面积而成为最大的蛾

翅膀上覆盖着薄鳞

数据与事实

2 周　寿命

乌桕大蚕蛾的翅膀图案很显眼，或许是为了威吓猎食者。亚种的花纹图案也多种多样。

翼

400平方厘米（表面积）

| 平方厘米 | 100 | 200 | 300 | 400 | 500 |

每分钟振翅次数　80～150次　1分钟

时间

10～15天（卵孵化）

| 天 | | 5 | | 10 | | 15 | | 20 |

6周（毛虫阶段）

| 周 | | 2 | | 4 | | 6 | | 8 | | 10 |

6～8周（蛹阶段）

25 厘米　最大翼展

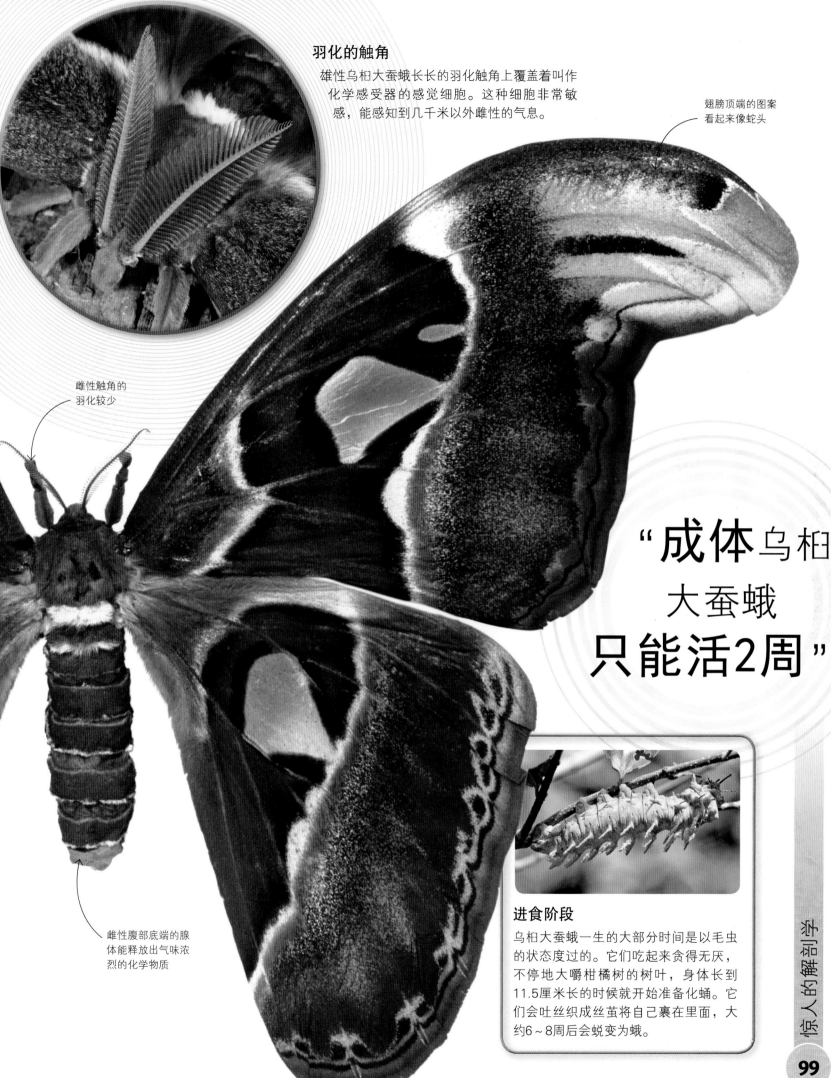

羽化的触角

雄性乌桕大蚕蛾长长的羽化触角上覆盖着叫作化学感受器的感觉细胞。这种细胞非常敏感，能感知到几千米以外雌性的气息。

翅膀顶端的图案看起来像蛇头

雌性触角的羽化较少

"**成体**乌桕**大蚕蛾只能活2周**"

雌性腹部底端的腺体能释放出气味浓烈的化学物质

进食阶段

乌桕大蚕蛾一生的大部分时间是以毛虫的状态度过的。它们吃起来贪得无厌，不停地大嚼柑橘树的树叶，身体长到11.5厘米长的时候就开始准备化蛹。它们会吐丝织成丝茧将自己裹在里面，大约6~8周后会蜕变为蛾。

崭新的盔甲

巨螯蟹活的时间越长，体形就越大。随着时间的推移，一些动物如海绵和海葵会在它的壳上生长。但巨螯蟹为了生长必须要蜕去原有的壳，所以海绵和海葵这些搭便车的动物并不能获得永久居住权。

"这种蟹能**长到**一辆**小汽车**大小"

海底蜘蛛

巨螯蟹

这种体形超大的蟹在海底缓慢爬过的样子就像一只巨型机械蜘蛛。且不说它又细又长的腿，巨螯蟹的身体简直有篮球那么大！虽然武装着可以撕碎食物的强壮的螯肢，可实际上，这种蟹是温和的巨人。它们喜欢在海底扫食腐肉，因为巨大的体重使它们行动缓慢，很难追上快速移动的猎物。

特征一览

- **体形**　足展长2.5～3.8米
- **栖所**　沿海海域600米深处
- **分布**　日本和中国台湾附近的西北太平洋
- **食物**　体形较小的蟹、蜗牛和腐肉

数据与事实

100 年
最长寿命

巨螯蟹属于虾蟹类，它有10条足。8条步足用来行走，另外两条较短的在顶端形成螯用来捕食。

最大足展
3.8 米

体长

| 米 | 0.5 | 1 | 1.5 | 2 | 2.5 |
1.5米（最长的步足）

直径

| 厘米 | 10 | 20 | 30 | 40 | 50 |
40厘米（身体）

体重

| 千克 | | 10 | | 20 | | 30 |
21千克（最大体重）
15～20千克（一般体重）

华丽的
软体动物
库氏砗磲

作为海洋中贝壳类的巨人，这种双壳类动物一生都在不断生长。最老的砗磲和一条海豚差不多重。和小型的双壳类不同，库氏砗磲能在营养物质匮乏的水域中生存，每只砗磲的壳肉上都共生着微小的藻类，它们能像植物那样生产高能糖分，并与砗磲共享。同时，砗磲也从海水中吸取浮游生物食用。

特征一览

● **体形** 最长可达1.2米

● **栖所** 浅海海域

● **分布** 热带海洋，大多数在印度洋、太平洋海域

● **食物** 浮游生物以及由共生藻类产生的食物

数据与事实

100 年

最长寿命

库氏砗磲具有强有力的肌肉来打开和闭合贝壳。与一般人的看法相反的是：砗磲关闭壳的速度很慢，因此无法夹住人类。没有一种砗磲能完全将壳闭合。

最大体重

250 千克

力量

4 500牛顿（关闭壳的肌肉力量）

| 牛顿 | 1 000 | 2 000 | 3 000 | 4 000 | 5 000 |

400牛顿（人类的握力）

摄食比例

65%（由藻类合成的食物） 35%（浮游生物）
年幼的砗磲

65%（浮游生物）
年老的砗磲
35%（由藻类合成的食物）

栖息水下深度

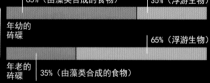

2～20米

| 米 | 5 | 10 | 15 | 20 | 25 |

厚唇双壳的动物

砗磲身体的主要部分由称为外套膜的厚重的肉质组织构成。砗磲的外套膜色彩斑斓，还生长着为自己提供食物的藻类。当壳打开时，外套膜尽可能地伸展出壳，露出更多的部分来沐浴阳光。

"库氏砗磲
一次能产5亿
粒卵"

椰子杀手

椰子蟹经常爬到香蕉树和椰子树上寻找食物。它们找到掉下树的椰子，将椰子重新运上树，再扔下来摔开椰子壳，或者用强壮的双螯直接凿开椰子壳。

爬树高手

椰子蟹

在多岩石的池塘里根本找不到这种蟹的身影，它们不会游泳，对于水也毫不热衷。椰子蟹是陆栖寄居蟹，它们已经完全适应了在陆地上呼吸，进入大海反而会溺水。但雌性椰子蟹必须要冒这种风险——在涨潮时到大海边产卵。雌蟹产下的卵孵化成幼蟹后落入海底。幼蟹生活在遗弃的蛞蝓壳中，它们的身体柔软，用鳃呼吸。当它们再长大一些就可以离开水，到陆地上开始呼吸空气。此时椰子蟹的身体变硬，形成坚硬的壳。

特征一览

- **体形** 头体长40厘米，足展长90厘米
- **栖所** 沿海地区
- **分布** 印度洋和西太平洋岛屿
- **食物** 种子、水果、椰子和腐肉

数据与事实

4.1
千克

最大体重

椰子蟹靠触角上极端敏锐的嗅觉器官寻找食物。

最长寿命

60
年

家园范围

	40~250平方米

| 平方米 | 100 | 200 | 300 |

嗅觉

50米（椰子蟹嗅到未成熟的香蕉的距离）

| 米 | 30 | 60 |

1米（人类嗅到食物的距离）

传感器

| | 500 | 1 000 | 1 500 | 2 000 |

1 600~1 800（每条触角上的嗅觉传感器数量）

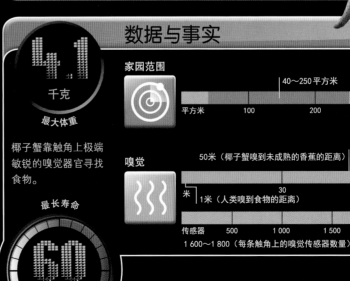

最大的**陆栖蟹**

自然界之最

从微小的轮虫到巨型的鲸，动物有着各种各样的身体形状和大小。这种惊人的多样性取决于很多因素，包括动物是生活在陆地上还是水中，它们活动的方式如何，赖以生存的环境温度以及它们都吃些什么。体形巨大的动物能压制竞争者或它们的猎物，而那些体形娇小的动物则能较为轻松地隐藏起来，以躲避敌人。每一类动物都有自己的"吉尼斯纪录"，它们或者体形特殊，或者具有令人惊叹的身体特征。

超级大蛇

网纹蟒是世界上最长的蛇。曾经捕获的最长的网纹蟒体长10.2米。野外生存的网纹蟒平均体长3～6米。

网纹蟒

"鸭嘴兽是毒性最强的哺乳动物"

鸭嘴兽

骨骼最多的动物

线口鳗的骨骼数量是动物中最多的，它的脊柱有750多块骨骼。它的身体修长，是体宽的75倍。

蜂鸟

非洲象

重量级动物

● 蓝鲸	180吨
● 鲸鲨	21.5吨
● 非洲象	7.5吨
● 湾鳄	1吨
● 大王酸浆鱿	495千克
● 棱皮龟	364千克
● 非洲鸵鸟	156千克
● 大鲵	64千克
● 亚马孙巨人食鸟蛛	175克

微型动物

● 苔藓轮虫	0.05毫米
● 阿马乌童蛙	8毫米
● 露比精灵灯（鱼）	1厘米
● 侏儒球趾虎	1.6厘米
● 凹脸蝠	4厘米
● 吸蜜蜂鸟	5厘米

最大的两栖动物

大鲵是世界上最大的两栖动物。在其原生的栖息环境中，已经越来越难找到大型的大鲵了。它们的身体能长到1.8米，体重可达64千克。

1.8
米

最小的昆虫

仙女缨小蜂仅长0.4毫米，是已知最小的昆虫。雌性仙女缨小蜂将卵产在其他昆虫的卵上，待幼虫孵化出来，就以宿主的卵为食。

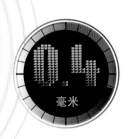

0.4
毫米

"被**子弹蚁**刺到的感觉就像在燃烧的**煤上行走**"

马来狐蝠

狮

最大的翼展

● 漂泊信天翁	3.7米
● 安第斯神鹰	3.2米
● 马来狐蝠	1.5米
● 婆罗洲巨蜻蜓	15厘米

有毒的刺鲀

刺鲀是大海中毒性最强的动物。遇敌时，它们将身体膨胀成一个球，球形身体伸出许多锋利的刺以示警告。

巨蛾

栖息于中美洲和南美洲的强喙夜蛾拥有昆虫里最长的翼展：28厘米。和大多数蛾一样，强喙夜蛾在夜晚活动，有时会被误认为是蝙蝠。

28 厘米

最强的噬咬力

● 大白鲨	9 000牛顿
● 湾鳄	5 800牛顿
● 狮	1 770牛顿
● 斑鬣狗	770牛顿
● 袋獾	418牛顿

刺鲀

"**蓝鲸**的**心脏**重达600千克，相当于一辆小型汽车的重量"

咬力
最强的哺乳动物

因为强有力的颌肌，哺乳动物都具有较强的咬力。拥有最强咬力的哺乳动物并非狮、虎那样的大型捕食者，而是素食主义者——河马。

8 000 牛顿

河马

动物运动家

无论人类多么擅长跑步、跳跃或游泳，总有一种动物能比人类做得更棒。动物有很多人类所不具有的惊人的天赋。对动物来说，这些天赋不过是如同家常便饭的一种生活方式而已。

"蜜袋貂
只能**依赖**
花朵生存"

挑剔的食客

蜜袋貂

作为最小的有袋类动物之一，蜜袋貂几乎把一生都奉献给了花朵。蜜袋貂生活在澳大利亚的欧石南灌木丛中，在那里，它们吸食花蜜。许多其他的哺乳动物也吃花蜜，但是大多数还需要从昆虫身上获得蛋白质。而蜜袋貂则从花粉中获得蛋白质，它们几乎完全依赖于花朵生存。它们用一条长长的、顶端有刚毛的舌头舔舐食物，在吃这方面，蜜袋貂一丝不苟，几乎不会错过任何一朵盛开的花朵。

特征一览

- **体形** 头体长7~9厘米，尾长7~10厘米
- **栖所** 欧石南丛生的荒野和林地
- **分布** 澳大利亚西南部
- **食物** 花蜜和花粉

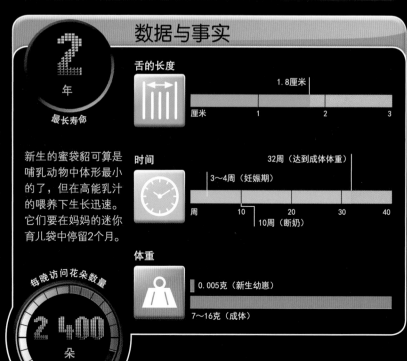

数据与事实

2 年
最长寿命

舌的长度

1.8厘米

厘米　1　2　3

新生的蜜袋貂可算是哺乳动物中体形最小的了，但在高能乳汁的喂养下生长迅速。它们要在妈妈的迷你育儿袋中停留2个月。

时间

32周（达到成体体重）

3~4周（妊娠期）

周　10　20　30　40

10周（断奶）

生存战略

蜜袋貂体态轻盈，能爬上柔软的花茎，跳入花朵中进食。在舔舐花蜜时，它的手和足能很好地抓握，帮助身体保持稳定。这种小动物还有另一个稳固身体的绝招，就是它的尾能像安全绳一样圈住树枝。

每晚访问花朵数量

2 400 朵

体重

0.005克（新生幼崽）

7~16克（成体）

碎骨机
缟鬣狗

被缟鬣狗吃过的尸体所剩无几。它们用强壮有力的颌将骨头全部咬碎，连同里面的骨髓一并吞下，但通常它们不会吃食草动物装满草的胃。缟鬣狗的胃中有强劲的消化液，几乎任何东西都能被消化。

尖尖的耳朵能听到来自各个方向的声音

解决麻烦的鼻子

敏锐的嗅觉对于寻觅食物和与其他缟鬣狗交流非常重要。它们以具有强烈气味的黄色糊状物来划分、标示领地，威吓入侵者。

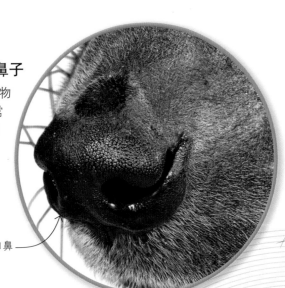

短而硬的口鼻

特征一览

- **体形** 头体长95~160厘米，尾长27~47厘米
- **栖所** 草原
- **分布** 亚洲西南和非洲东北部
- **食物** 腐肉、活的猎物和水果

前肢比后肢长，足部有4个足趾

裂齿用来切碎兽皮、肉和骨头

碎骨机

食肉动物的上下颌两侧各有一颗颊齿叫作裂齿。这种牙齿格外坚固，再加上发达的颌肌，让缟鬣狗更容易将骨头粉碎。

86
千克
最大体重

缟鬣狗的啃咬和很多同等体形的动物相比更为有力。

摄食比例

斑鬣狗		
70%（活的猎物）	30%（腐肉）	100%

缟鬣狗		
20%～40%（活的猎物和植物）		100%
	60%～80%（腐肉）	

最快速度

64
千米/时

咬力

55牛顿（家猫）		550～770牛顿	
牛顿 200	400	600	800

当兴奋或遇敌时，鬃毛会竖起来

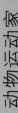

斑鬣狗

斑鬣狗没有缟鬣狗身上的鬃毛，体色也比缟鬣狗的更红。比起食腐肉，斑鬣狗更热衷于杀死活的猎物。单独行动的鬣狗能追捕小型猎物，而群体行动的鬣狗能捕食大型动物，它们要不停地追逐猎物，直到将猎物扑倒为止。

中等长度的毛茸茸的尾

> "小鬣狗非常**好斗，25%**的幼崽会因此**死亡**"

缟鬣狗

缟鬣狗的力量集中在身体的前半部分。它肩部和颈部的肌肉很发达，俯身吃肉时身体重量几乎全压在腐肉上。身体后部肌肉则相对较弱，后腿比前腿短，因此背部至尾端呈下滑的坡形。

跳远冠军

雪豹

在西藏寒冷、遍布岩石的山脉中，这种健美的捕食者凭借优雅敏捷的动作攀上险崖、跃过峡谷，没有任何高原动物能逃过它们的追捕。雪豹长而浓密的皮毛利于保暖，粗大的尾可达体长的四分之三，能帮助维持身体平衡。在睡觉时，尾可以叠起来像毯子一样保护脸和爪免受寒风的侵袭。

特征一览

- **体形** 头体长1～1.3米，尾长0.8～1米
- **栖所** 山地、高山草甸和山麓森林
- **分布** 亚洲中部
- **食物** 山羊、鹿、旱獭和家畜

数据与事实

17 米
最远跳跃距离

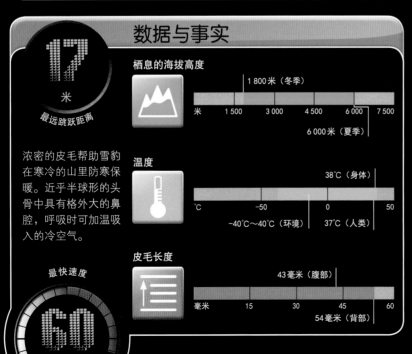

浓密的皮毛帮助雪豹在寒冷的山里防寒保暖。近乎半球形的头骨中具有格外大的鼻腔，呼吸时可加温吸入的冷空气。

栖息的海拔高度

				1 800米（冬季）		
米	1 500	3 000	4 500	6 000	7 500
				6 000米（夏季）		

温度

			38℃（身体）	
℃	−50	0		50
−40℃～40℃（环境）		37℃（人类）		

皮毛长度

			43毫米（腹部）	
毫米	15	30	45	60
		54毫米（背部）		

最快速度

60 千米/时

毛茸茸的脚

雪豹的足掌宽大，足底有毛，在攀爬光滑的斜坡时，能赋予其稳定性并有助于保暖。尽管如此，它还是更喜欢在有阳光的温暖的山坡上捕猎，皮毛与斑驳的灰色岩石相掩映，形成很好的伪装。

极端环境下的生存者
双峰驼

双峰驼非常适应沙漠的生活。它能在不饮水的情况下连续数周不断行进，一旦遇到水，能在10分钟之内大口大口地喝下半浴缸的水，如有必要，它也能饮下咸水。和通常的观点相反，驼峰中存储的其实是脂肪而非水。双峰驼的家园位于亚洲中部，这片高海拔地区很少下雨，不是异常炎热就是极度寒冷。几乎没有像双峰驼那样大的动物能在这种极端环境下生存。

特征一览

- **体形** 肩高1.8～2.3米
- **栖所** 沙漠和干旱草原
- **分布** 亚洲中部（包括戈壁滩）
- **食物** 任何植物，非常饥饿时也吃腐肉

> "它能行进**三周**不饮**水**"

腹部无须防晒保护，因此皮毛较薄

饮水速度最快的动物

足部适宜任何地形

踏沙

双峰驼每只脚都有两个足趾以及宽厚、坚硬的足垫，足垫大如晚餐盘。这种足部构造意味着双峰驼能游刃有余地应付各种路况：锐利的石块地、滚热松软的沙地或紧实光滑的雪地。

两个足趾

坚硬的足垫

脂肪被储存在
两个驼峰中

超浓密睫毛

沙尘暴在沙漠中很常见。双峰驼的双层睫毛能保护眼睛
免受飞沙困扰，还能阻挡强烈阳光的灼晒。

多层睫毛

每只眼睛有
3层眼睑

皮毛在冬季保
暖，夏季防晒

从鼻孔到唇部的
沟槽能捕捉水分

反刍食物

双峰驼用硕大的牙齿撕
碎食物，几乎不怎么嚼
就草草吞下，但稍后它们
会将吞下的食物返回口腔，
重新咀嚼，这个过程叫反刍。
正由于这种习性，它们能吃下
找到的一切食物。

食物存储

在沙漠中食物很难寻觅，
因此在有食物的情况下双峰
驼会将脂肪存储在驼峰中，以备
食物短缺时使用。当存储的脂肪用光
后，驼峰就会萎缩，并向一侧塌下。

数据与事实

100
升
一次饮水量

在体内水分丧失40%
的情况下，骆驼还能
生存。找到水后，它
们会迅速喝下大量的
水作为储备。

温度

		34℃～40℃（身体）	
	-40℃～55℃（环境）		
℃	-30	0	30	60
			37℃（人类）	

脂肪重量

	25～35千克（一个驼峰的存储量）	
千克	10	20	30	40

65
千米/时
最快速度

动物运动家

最快的短跑运动员
猎豹

特征一览

- **体形** 体长2.3米，尾长65~85厘米
- **栖所** 主要栖于非洲稀树大草原，半沙漠地带，浓密灌木丛也有分布
- **分布** 非洲南部和东部
- **食物** 小型有蹄类哺乳动物

当猎豹开始疯狂加速时，别妄想超越它，没有任何两条腿或四条腿的动物能打败它。虽然猎豹因为体形过于细长而很难压倒那些重量级的猎物，但惊人的速度让它们能追上瞪羚等敏捷的动物。猎豹轻松地追上猎物并绊倒它，接着一口咬住猎物喉咙杀死它。

头骨很小，由薄薄的骨构成

颈部很长

骨骼很轻

明察秋毫的眼睛

直视前方的眼睛让猎豹能看到数千米之外的细微景况，并判断追逐的距离。在猎豹嗓叫着恐吓大型猎物时，黑色"泪痕"让它看起来更加凶猛。

心脏很大，能将血液迅速输送到身体各处来满足肌肉的耗氧量

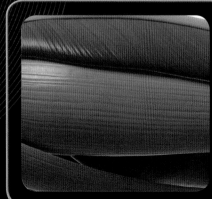

快速收缩

猎豹的肌肉中有很多快缩纤维，有利于它瞬间加速，但猎豹却耐力不佳，很快会感到疲劳。这也就是说，猎豹只能快速奔跑很短的时间（20~60秒），就需要停下休息等待肌肉恢复。这段时间猎豹最多能跑500米的距离。

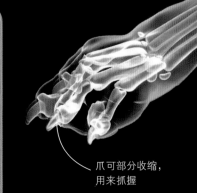

爪可部分收缩，用来抓握

"大鼻孔
有助于吸入
更多氧气"

脊柱异常柔韧

快缩纤维集中在强健的腿部肌肉中

数据与事实

年

最长寿命

快速奔跑让猎豹的身体处于紧绷状态。它们的体温上升过快，因此在享用猎物前需要休息一会儿。急促的呼吸让足够多的氧气到达肌肉。

体温

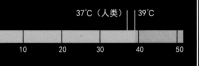

			37℃（人类）		39℃
℃	10	20	30	40	50

呼吸

150次/分钟（奔跑时）
16次/分钟（休息时）

| 次/分钟 | 50 | 100 | 150 | 200 |

100次/分钟（人类锻炼时）
10～20次/分钟（人类休息时）

心跳

每分钟心跳次数　　250次（最快）　　1分钟

每分钟心跳次数　　100次（休息时）　　1分钟

最快速度

114

千米/时

"猎豹能在
3秒钟内达到
64千米/时
的速度"

单刀直入

高速奔跑的猎豹需要消耗大量能量。为了确保成功，在冲刺之前，猎豹必须偷偷潜伏到猎物附近。

长尾在急转弯时帮助身体保持平衡

腿很长，能最大限度地提高步幅

超级柔韧的脊柱

按照所有猫科动物的身长比例来说，猎豹的脊柱是最长的。脊柱非常柔韧，在奔跑时，为达到更快的速度和获得最大的步幅，脊柱交替伸直和弯曲。脊柱的活动由强健的背肌所控制，而背肌占全部身体肌肉一半的重量。脊柱极度弯曲时，后腿能迈到前腿之前。伸展的爪在猎豹猛冲时用来抓地，在弓起身子跃出下一步之前尽可能地将爪向前伸。

伸展时

弯曲时

耐力赛冠军
叉角羚

叉角羚拥有风箱一样的肺和强大的心脏，羚羊在长距离奔跑时，二者结合能为其腿部肌肉输送足量的氧气。这种轻盈的草原动物能一下跃出6米远。只有非常年幼的、生病的或受伤的叉角羚处境危险，因为即使是最敏捷的肉食猎食者，也会在这场耐力追逐赛中输给叉角羚。

特征一览

- **体形** 头体长1～1.5米，尾长8～18厘米（雄性比雌性长）
- **栖所** 草原和沙漠
- **分布** 北美洲东部和中部
- **食物** 草、仙人掌和其他低矮植物

数据与事实

12 年
饲养寿命

尽管叉角羚被誉为长跑和跳远冠军，但它们更乐于从障碍物下面钻过而非跃过。

最快速度
100
千米/时

心脏重量

340～660克（叉角羚）

克	250	500	750

克	250	500	750

120～470克（山羊）

速度

48千米/时（巡视时）

千米/时	20	40	60	80	100

65～85千米/时（快速奔跑时）

奔跑距离

5～6千米（快速奔跑时）

千米	2	4	6	8

长跑速度最快的动物

危险信号

叉角羚必须时刻警惕捕食者，并随时做好提速逃跑的准备。它们有着大大的眼睛，随时观察着危险的动向。一旦发现捕食者，叉角羚就会将臀部白色的毛立起来，让周围的同伴能看到这个危险信号，接着整个羚羊群就会快速逃命。

最快的鼓手

指猴

外形怪异的指猴生活在马达加斯加，没有一种食物能比多汁的幼虫更受它们欢迎了。这种指猴最喜爱的昆虫躲藏在树中，为了找到它们，指猴练就了敲击的技能和超常的听力。它们用手指敲击树皮，仔细聆听从树皮下中空孔道内传来的回声。接着，指猴在树皮上啃一个洞，用特有的细树枝一样的中指将里面的幼虫挖出来吃掉。

特征一览

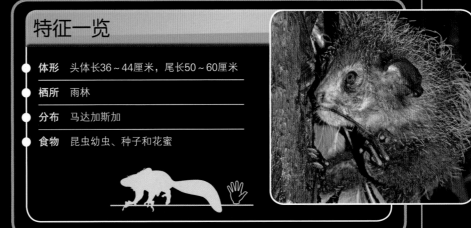

- **体形** 头体长36~44厘米，尾长50~60厘米
- **栖所** 雨林
- **分布** 马达加斯加
- **食物** 昆虫幼虫、种子和花蜜

数据与事实

4 千米
每晚移动距离

指猴用细长的手指剜出幼虫食用，同时它也吃在雨林的树上收集到的水果、菌类和种子。

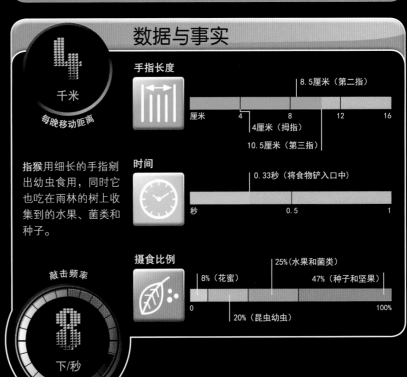

手指长度

厘米	4	8	12	16

8.5厘米（第二指）
4厘米（拇指）
10.5厘米（第三指）

时间

0.33秒（将食物铲入口中）

秒	0.5	1

摄食比例

8%（花蜜）　25%（水果和菌类）　47%（种子和坚果）

0	100%

20%（昆虫幼虫）

敲击频率

8 下/秒

夜间视物

指猴是夜行性动物，大眼睛和耳朵帮助它们在漆黑的森林中探测行进的路线，有时它们也在树间跳跃。白天，指猴在位于树冠上的用树枝和树叶搭成的窝中休息。

高级工程师
河狸

除了人类，再也没有任何一种动物能像河狸一样孜孜不倦地努力改造自身的生活环境了。这种大型啮齿动物是自然界的伐木工。它们用凿子一样的牙齿啃倒小树，以此在小溪或河流中筑坝蓄水，建造巢屋。它们能建起一片有效抵御外敌的安全家园。

特征一览

体形	头体长60～80厘米，尾长25～45厘米
栖所	用树木围起来的小溪和湖泊
分布	北美洲和亚洲北部
食物	树皮、细枝、树叶和树根；水生植物

截流

河狸建造堤坝围起一片静水深塘，在此觅食筑巢。它们先以石块和湿泥筑造地基，然后在上面堆积树枝和小型树干，接着再在最上方涂抹湿泥和添加水生植物加以固定。一个家族的河狸会世世代代照顾它们的堤坝家园。

堤坝

堤坝和巢屋之间的水位

围起的池塘内的水位要高于堤外河流的水位

凿工

河狸是体形最大的啮齿动物之一，身体强壮得足以搬运木材。它们强有力的颊肌能切断木料，长长的橙色门牙锋利而坚硬；能凿开木头。带刃的颊齿非常适于咀嚼坚硬的植物纤维。

堤坝后方形成的池塘水流较缓，让河狸更容易筑巢

避风港

巢屋为河狸提供了一个遮风挡雨、抵御外敌的安全港湾。在这个港湾里，高于水平面的舒适的起居室里铺满了干燥的植物。巢屋有一个或多个入口，但所有入口都必须从水下才能进入。

"河狸能
通宵重建
被损坏的堤坝"

秋季，河狸会在巢屋外层树枝上涂上更多的湿泥以御寒保暖

水下入口通往巢屋

有时河狸会设立一个独立的空间，在进入主窝前，它可以在这里甩干皮毛上的水

数据与事实

50
年
饲养寿命

加拿大有一座河狸筑造的非常巨大的堤坝，从空中都能看到，这座堤坝是美国胡佛大坝长度的两倍。

直径

12米（巢屋）

| 米 | 3 | 6 | 9 | 12 | 15 |

宽度

2米（巢屋内部）

| 米 | 1 | 2 | 3 |

最长的堤坝
850
米

动物运动家

快速挖掘机

土豚

土豚在非洲语中是"土猪"的意思，土豚无愧于这个名字——因为没有任何一种动物能比它掘土更快。土豚靠挖土觅食、躲避捕食者以及挖掘洞穴居住。它们能挖开被晒干的坚硬的土地，如果土质松软，肌肉强健的土豚在几分钟内就能掘出一条隧道，然后藏身地下。

特征一览

- **体形** 头体长1～1.58米，尾长44～71厘米
- **栖所** 草原和开阔林地
- **分布** 非洲撒哈拉沙漠南部
- **食物** 蚂蚁和白蚁

数据与事实

100
千克
最大体重

土豚用前肢掘土，用后肢将松软的泥土向后刨。土豚幼崽在6个月大时就可以成为掘土高手。

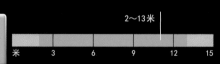
洞穴长度
2～13米
米　　3　　6　　12　　15

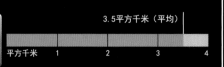
活动范围
3.5平方千米（平均）
平方千米　1　　2　　3　　4

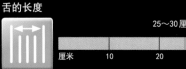
舌的长度
25～30厘米
厘米　10　　20　　30　　40

掘土捕食猎物的时间
2
分钟

埋藏的"宝藏"

土豚主要以蚂蚁和白蚁为食，因为体形大，所以需要进食很多这类小型昆虫。它们用强壮的爪子抓破坚硬的蚁冢，用细长的舌粘食四散奔跑的白蚁。

我爱懒洋洋
树懒

有些树懒会花费一整天的时间从一棵树爬到另一棵树上，而有些树懒则整天都挂在自己喜爱的树上一动不动。树懒身边到处是繁茂的可供它们食用的树叶，且它们的皮毛具有保护色，因此它们完全不用为生计而忙碌。树懒用长爪子钩住树枝倒挂在树上，蓬松的毛发和树冠完美地融合在一起。

强健的弯曲的爪

绿色食物
树懒是植食者，有一个构造复杂的大胃帮助消化食物。二趾树懒从一棵树爬到另一棵树寻找食物，而三趾树懒通常很挑剔，只坚守在自己喜爱的树上。

长而蓬松的毛从腹部向背部逆向生长

数据与事实

40
年
饲养寿命

树懒清醒的时间极少，它们能睁着眼睛连续休息数小时。因为很少活动，所以树懒完全消化一餐需要一个月的时间。

最快速度

0.6千米/时（在树上）

千米/时　0.2　　0.4　　0.6　0.8

0.25千米/时（在地面上）

夜晚活动

3小时（活动）　4小时（休息）　6小时（睡眠）

小时

16
千米/时

最快攀爬速度

"树懒的肌肉运动非常缓慢"

慢点，再慢点

树懒在任何比赛中都不可能获胜，但它们却是爬树专家。手和脚上都长有肉垫能抓握树枝，长而弯曲的爪扮演钩子的角色。树懒分为二趾树懒和三趾树懒，它们都能在树干上爬行。

寄生蛾

树懒的皮毛常常呈现绿色，这是因为它们的皮毛上附有在潮湿雨林中肆意生长的藻类。树懒的皮毛也是一种寄生蛾的家。

在地面爬行

因为在地面上的表现脆弱，又只能靠笨拙的爬行移动，因此树懒很少到地面上来。有时候，树懒来到地面是为了爬到另一棵树上去，但更多时候，它们仅仅为了排便和排尿才会下来，这种情况一周会有一两次。

滑翔专家
鼯猴

空中滑翔是在森林间穿行的绝佳方式，不仅快捷，还节省能量，因为滑翔无须更多的肌肉力量。世界上只有少数哺乳动物能在空中滑翔，如飞鼠和树顶袋貂等，而鼯猴是最棒的滑翔专家。这种奇异的哺乳动物，其身上覆盖的皮膜展开后如同一副降落伞，当它从一个树梢跳到另一个树梢时，可以帮助它轻松地飞跃林间空地，而不用下降太多的高度。

特征一览

- **体形** 头体长34～42厘米，尾长18～27厘米，体重1.75千克
- **栖所** 雨林
- **分布** 东南亚
- **食物** 新叶和嫩芽

数据与事实

18
年
饲养寿命

滑翔距离

150米（最长）

| 米 | 50 | 100 | 150 | 200 |

31米（平均）

不滑翔时，鼯猴将皮膜折叠起来。尽管滑翔的姿势很优美，但它们爬树和在地面上行走的速度却非常缓慢。

滑翔时长

1～15秒

| 秒 | 5 | 10 | 15 | 20 |

速度

4米/秒（降落时）　　10米/秒（滑翔时）

| 米/秒 | 5 | 10 | 15 |

每晚最多滑翔次数
29
次

飞得更高

面积又大又超级有效的"降落伞"赋予鼯猴特别的优势。其他的滑翔者，其皮膜仅与四肢相连。而鼯猴的皮膜特别巨大，能延伸至足趾顶端，并一直连接到尾尖。

喋喋不休的话匣子
非洲灰鹦鹉

最会说话的鹦鹉能讲几百个词，而非洲灰鹦鹉当属其中最健谈的。很多鸟类能模仿自然界中的各种声音，如椋鸟和八哥不仅能模仿其他鸟类的叫声，还能将警报声模仿得惟妙惟肖。尽管野生鹦鹉并不是优秀的模仿者，但驯养的鹦鹉却能清楚地模仿人语，这让它们成为很受欢迎的宠物。

特征一览

- **体形** 体长28～39厘米，成体体重402～490克
- **栖所** 雨林和开阔林地
- **分布** 非洲中部
- **食物** 水果、种子和谷物

红色的尾羽

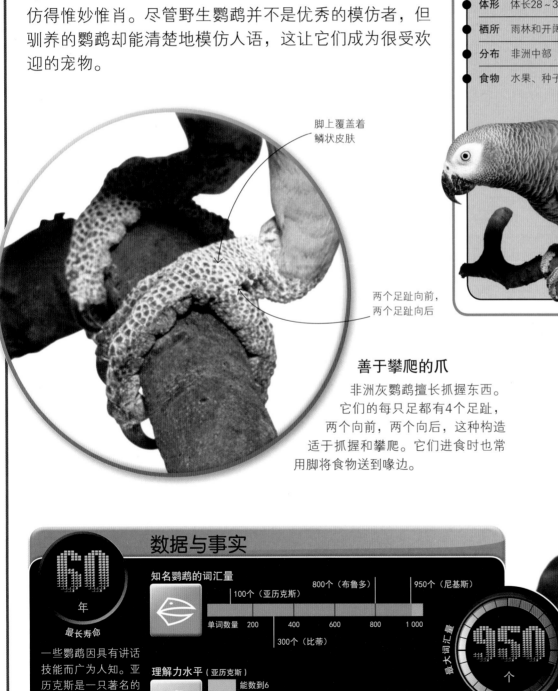

脚上覆盖着鳞状皮肤

两个足趾向前，两个足趾向后

窄而长的翼适合特技飞行

善于攀爬的爪
非洲灰鹦鹉擅长抓握东西。它们的每只足都有4个足趾，两个向前，两个向后，这种构造适于抓握和攀爬。它们进食时也常用脚将食物送到喙边。

数据与事实

60
年

最长寿命

一些鹦鹉因具有讲话技能而广为人知。亚历克斯是一只著名的灰鹦鹉，科学家对它惊人的天赋加以研究。

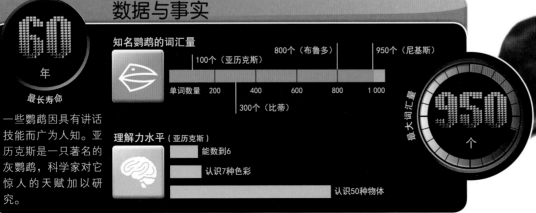

知名鹦鹉的词汇量

	100个（亚历克斯）		800个（布鲁多）		950个（尼基斯）
单词数量	200	400	600	800	1 000
	300个（比蒂）				

理解力水平（亚历克斯）

- 能数到6
- 认识7种色彩
- 认识50种物体

950
个

最大词汇量

成体鹦鹉有着
浅黄色的眼睛

鼻孔位于喙
的顶端

上喙可活动

短而圆的胸羽

那个漂亮的男孩是谁?

宠物鹦鹉因为它们友善的性格而成为人类的重要伙伴。在训导下,鹦鹉能讲完整的句子,并与主人的关系更为亲密。

"这只鹦鹉和5岁的儿童一样聪明"

有羽毛的好朋友

多数种类的鹦鹉有鲜艳的羽毛,而非洲灰鹦鹉的毛色则相对暗淡。有一些非洲灰鹦鹉的羽毛颜色更深,但它们都有鲜艳的红尾巴和眼周白色的斑块。

超越鸟类的大脑

鹦鹉是聪明的鸟类,很多人认为它们和学步的孩童一样聪颖。一直以来,人们都认为鹦鹉只会学舌,而并不知其意,但据科学家推测,它们明白所模仿语言的意义。一些鹦鹉能认知形状、颜色和数字,在奖励食物的情况下,甚至能解答简单的题目。它们还擅长利用身体的某个部位,如带钩的喙当第三只脚来辅助抓握物体。

会游泳的鸟

企鹅的羽毛很短，却浓密且富含油脂。羽毛能将靠近皮肤的那层空气锁住，这样不仅可以帮助企鹅在冰冷的海洋中游泳时保存热量，还能让它们在海水中增加浮力。

"在潜水时，
巴布亚企鹅能在水
下停留7分钟"

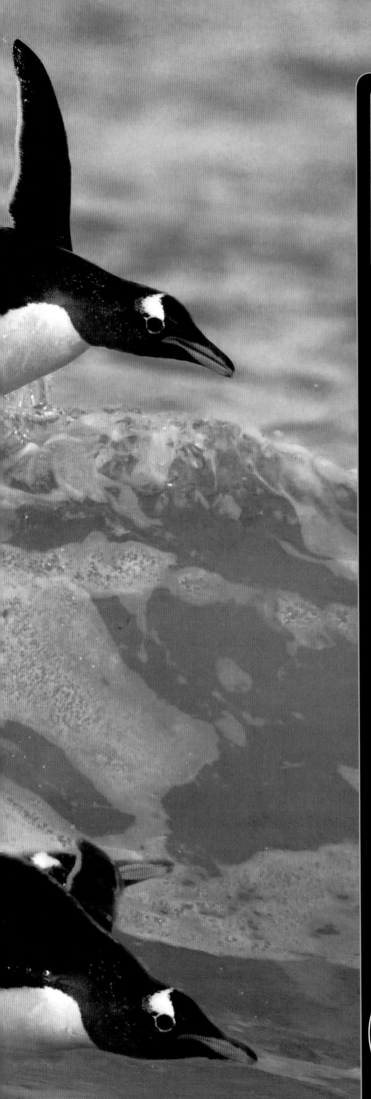

游泳健将

巴布亚企鹅

企鹅在岸上看起来很滑稽，而一旦入水即可化身为迅猛的鱼雷，巴布亚企鹅（亦称白眉企鹅）是这些游泳健将中的冠军。它们流线型的身体极其适合破浪前行，如双桨一般的鳍状肢虽然在飞行上无用武之地，但游泳时却是强有力的推进器。在遍布捕食者的南大洋中，速度关乎生死，巴布亚企鹅的速度如此之快，如同一枚导弹般从水中飞射到浮冰上。

特征一览

- **体形** 体长76～81厘米
- **栖所** 遍布岩石的海岸线和近海区域
- **分布** 南极周围的岛屿
- **食物** 磷虾、鱼类、蠕虫和鱿鱼

数据与事实

15 年
最长寿命

巴布亚企鹅潜入海中，扎一个浅而短的猛子寻找猎物，然后以长而深的潜泳来捕捉猎物。潜水时，它们的心率下降，以肌肉中储存的氧气来维持机体的活动。

温度

−15℃～10℃（环境）

39℃（身体）

| ℃ | −15 | 0 | 15 | 30 | 45 |

潜水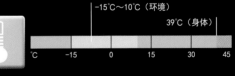

6米（平均觅食潜水深度）

1～166米（潜水深度）

| 米 | 40 | 80 | 120 | 160 | 200 |

90米（平均捕食潜水深度）

| 秒 | 25 | 50 | 100 | 150 | 200 |

50～170秒（潜水时长）

心跳

每分钟心跳次数　30～50次（潜水时）　1分钟

每分钟心跳次数　86次（休息时）　1分钟

最快游速

36 千米/时

苍穹舞者
黑白兀鹫

你或许想象不到一只鸟会与喷气式飞机并驾齐驱。 其他任何鸟类都不能达到黑白兀鹫所飞的高度。在几千米的高空，虽然空气稀薄，呼吸困难，但制高点却是定位腐尸的绝佳位置。黑白兀鹫非凡的视力意味着它能迅速、准确地定位食物的位置，并成为第一个到现场饱餐一顿的捕食者。

厚厚的羽毛有助于兀鹫在高空中保暖

翱翔觅食

黑白兀鹫是真正能够搏击高空的鸟类。据报道，一只黑白兀鹫曾在海拔11 000多米的高空被吸入飞机的喷射引擎之内。它们通常在6 000米的天空翱翔，随着温暖的上升气流直击长空。一旦发现腐肉，它们便开始盘旋，以告知群体中的其他成员。

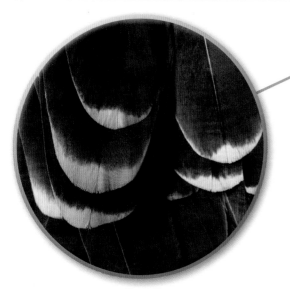

斑驳的褐色羽衣

兀鹫双翼的羽毛宽大，非常适于翱翔和滑翔。黑白兀鹫的羽毛纹样很有特点：黑褐色的羽毛顶端呈白色，从远处看，就像披了一件带有白点的外衣。

数据与事实

11 300 米

最高飞行高度

黑白兀鹫的视力非常敏锐，它能在 4 000 米高空发现地面上大象的尸体。

翼

2.6米（翼展）

米 1 2 3 4 5

每分钟振翅次数 100～150次 1分钟

视力范围

300～4 000米

米 1 500 3 000 4 500

最远可达2 000米（人类）

35 千米/时

最快飞行速度

特征一览

- **体形** 体长1米，体重6.8～9千克
- **栖所** 开阔的草地和山脉
- **分布** 非洲中南部
- **食物** 大型动物的死尸

宽大的双翼适于翱翔

裸露的双腿便于保持洁净

便于进食的着装

腐尸最肥嫩的部分是柔软的肉和器官，但要处理它们却是一件肮脏的工作。兀鹫的头部和颈部，只覆盖一些短而轻的绒毛，这是为了在撕咬腐尸身体内部时，防止血和肠液沾染到羽毛上。

带钩的喙便于撕开粗糙的皮肤

颈下环绕着白色的羽毛

"它们要飞行150千米寻找食物"

爪子是用来撕肉而不是戳肉

抓牢地面的爪

兀鹫身体相当沉重，尤其是在饱餐一顿腐肉之后。在地面行走时，强有力的爪支撑着身体的重量，但因为它们是食腐动物，很少杀死猎物，所以它们的爪并不锋利。

最快的动物

游隼

游隼向下俯冲的速度能达到300千米/时，是行动速度最快的动物。它们在高空最有利的位置搜寻猎物，展开追逐，最后以俯冲接近目标，用利爪抓住猎物。仅靠俯冲的力量就足以杀死或击晕猎物。

氧气推进器

游隼高速飞行的生活方式需要大量的氧气。虽然它的肺并不是很大，但它的呼吸系统有9个大的气囊，起着风箱的作用。大量的空气进入肺部，因此有更多的氧气进入血液中。

弯曲的爪无比锋利，用来撕扯肉

尾在飞行时起着舵的作用

飞羽长而刚硬，可减少阻力

喙和爪

游隼捕捉猎物需要精良的武器。它们喙的尖端有凹口，有助于游隼攫住猎物并迅速杀死它们。游隼的腿短而粗壮，武装着吓人的利爪——在半空中以巨大的力量击中猎物。

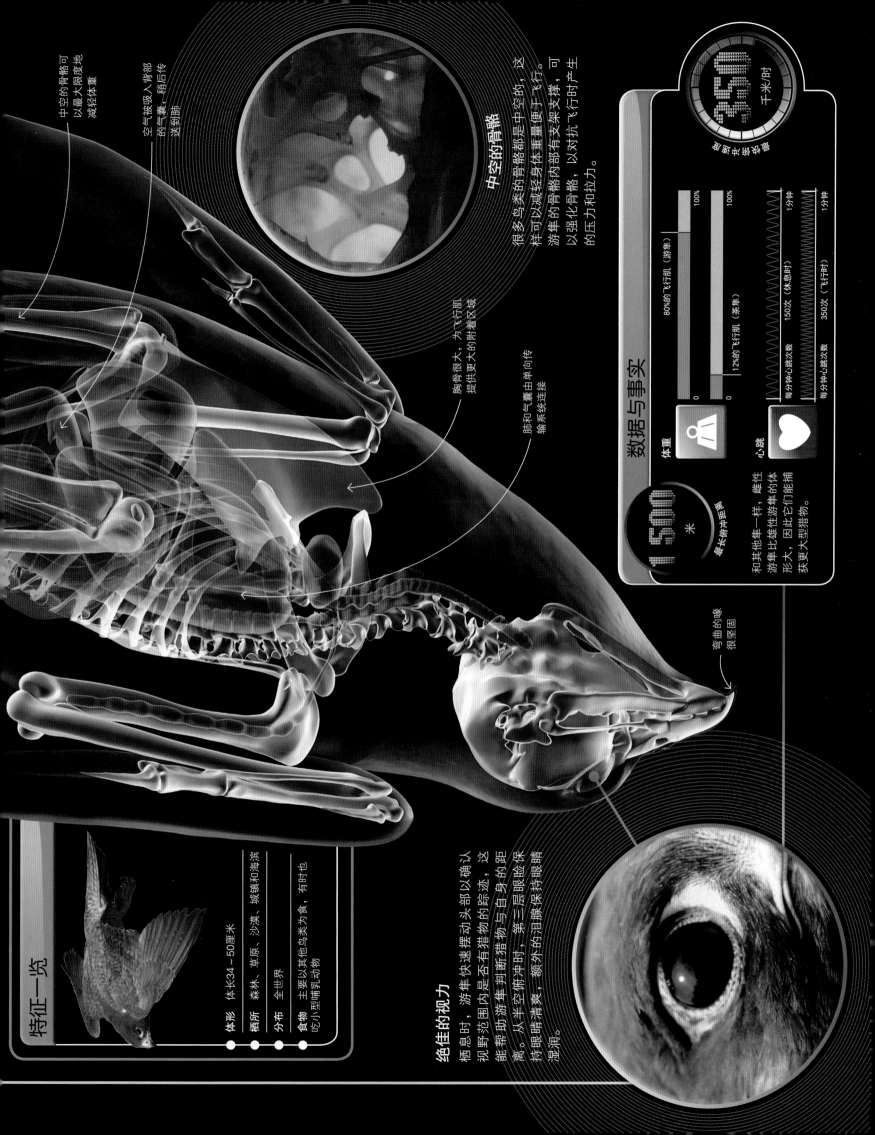

中空的骨骼

中空的骨骼可以最大限度地减轻体重

空气被吸入背部的气囊，稍后传送到肺

很多鸟类的骨骼都是中空的，这样可以减轻身体重量便于飞行。游隼的骨骼内部有支架支撑，以强化骨骼，可以对抗飞行时产生的压力和拉力。

胸骨很大，为飞行肌提供更大的附着区域

肺和气囊由单向传输系统连接

数据与事实

350 千米/时
俯冲最高速度

体重
80%的飞行肌（游隼）　　100%
12%的飞行肌（茶隼）　　100%

心跳
每分钟心跳次数 150次（休息时）　1分钟
每分钟心跳次数 350次（飞行时）　1分钟

5000 米
最长俯冲距离

和其他隼一样，雌性游隼比雄性游隼的体形大，因此它们能捕获大型猎物。

弯曲的喙很坚固

特征一览

体形　体长34~50厘米

栖所　森林、草原、沙漠、城镇和海滨

分布　全世界

食物　主要以其他鸟类为食，有时也吃小型哺乳动物

绝佳的视力

栖息时，游隼会快速摆动头部以确认视野范围内是否有猎物的踪迹，这能帮助游隼判断猎物与自身的距离。从半空俯冲时，第三层眼睑能保持眼睛清爽，额外的泪腺保持眼睛湿润。

空中建筑师
白头海雕

这种大型海雕喜爱高空生活。它们是营巢之王，选择在最高的树上或悬崖上安家哺育雏鸟。白头海雕成对生活，共享一个巢，它们年复一年地使用由树枝和木棍混搭在一起的巢穴。巢穴建成并不意味着就一劳永逸了，它们每年都会用新的材料修建巢穴，随着时间的流逝，巢穴会越来越大，越来越沉，越来越深。

生长的空间

雏鸟在卵孵化35天后破壳而出，新生雏鸟和硕大的巢穴相比显得非常矮小。每个巢中只有1~3只雏鸟，且它们不会全部成活。父母一方负责照顾雏鸟，另一方外出觅食。在会飞之前，雏鸟要在巢中生活3个月。4岁之后，离巢生活的白头海雕会返回自己的出生之地，开始准备属于自己的繁育工作。

> "它们利爪的**抓握力**是人类的**10倍**"

数据与事实

1吨
巢穴重量

白头海雕的利爪可用来抓捕滑溜溜的鱼类，还能抓来树枝营巢。它们体形壮硕，甚至能抓起体形较小的鹿。

飞行速度
40 千米/时

巢穴直径
2.5米（平均）

米	1	2	3	4

抓力
400牛顿（人类）　　　3 500～4 000牛顿

牛顿	2 000	4 000	6 000

千克	2	4	6	8

6.8千克（能抓起的最大重量）

爪的长度
6厘米

厘米	2	4	6	8	10

致命武器

白头海雕有一个巨大的钩状喙，用来撕碎猎物。但更多的时候，致命的杀伤性武器是爪。它们以锋利的带钩的爪抓起猎物，爪或许还会刺入猎物重要的器官中。

鱼宴

白头海雕的猎物种类广泛，但它们的最爱是鱼类，尤其是鲑鱼。它们在原住地北美洲的河流中抓捕鲑鱼，雏鸟吃着这些富含蛋白质的食物快速成长。

鸟类营造的最大的树上巢穴

成年白头海雕将食物撕成条状喂食雏鸟

特征一览

- **体形** 头尾长71~96厘米，体重3~6.3千克
- **栖所** 水域附近的荒原和开阔林地
- **分布** 北美洲
- **食物** 鱼类和哺乳动物，以及其他鸟类和腐食

头部和尾部的羽毛为白色

雏鸟的羽色主要是褐色

巢穴通常建在大树上或河边、海岸附近的礁岩上

伟大的艺术家

缎蓝园丁鸟

雄性缎蓝园丁鸟向雌性求爱时，所展示的高超园艺技能就是一场华丽的炫技表演。它们首先会清理出一块表演场地，用树枝或麦秸搭建一个庭院，接着用在丛林中找到的任何它们喜爱的物品加以点缀。花朵、浆果，甚至色彩鲜艳的瓶盖，都会被它们用来当作装饰品。被雄鸟营造的氛围所吸引的雌鸟便会与之交配，之后雌鸟离开雄鸟独自抚育幼鸟。

特征一览

- **体形** 体长23～27厘米
- **栖所** 雨林和较为干燥的桉树林边缘
- **分布** 澳大利亚东部的海岸及毗邻的内陆地区
- **食物** 水果、种子、树叶、花蜜和小型动物

数据与事实

36 个
装饰物数量

缎蓝园丁鸟修筑的庭院拱门呈南北向，通过中央甬道可到达点缀着装饰物的表演场地。

庭院

35厘米（庭院高度）
30厘米（中央甬道长度）

| 厘米 | 10 | 20 | 30 | 40 |

庭院常见色彩

35%（白色） 20%（蓝色） 5%（紫色和黄色）

| 0 | 25%（紫色） | 15%（黄色） | 100% |

装饰庭院的时间

2 天

距离

100米（和竞争对手所筑庭院距离）

| 米 | 50 | 100 | 150 |

"雄性常从
竞争对手那里
窃取食物"

最大的
海龟

坚硬的皮肤

和其他的海龟不同，棱皮龟背部没有角质骨化的盾片，而以厚重有棱的皮肤取而代之。棱皮龟具有反荫蔽体色，上深下浅，因此它们很难被那些寻觅大餐的捕食者发现。灰白色的腹部从水下看时就像射入海水的阳光，而暗棕色或黑色的背部在捕食者看来就是幽深大海中的一片暗淡阴影。

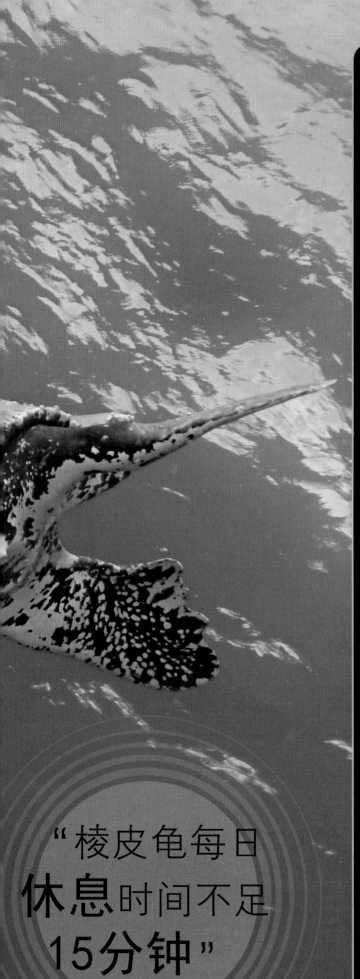

力量型游泳冠军
棱皮龟

在水中极速驰骋的棱皮龟， 是最大的海龟以及游速最快的爬行动物。即使在异常寒冷的水域，巨大的鳍状肢和流线型身体也会使它成为游泳冠军。和大多数爬行动物不同，棱皮龟能产生大量体热，这些热量让它的肌肉能快速运转。它醒着的时候几乎一直在游泳，通过不停地运动产生大量热量。棱皮龟这种疯狂的生活方式必须不断地补充食物，但它们几乎只吃水母。

特征一览

- **体形** 通常体长2米，有记录的最长的个体约3米
- **栖所** 开阔海域
- **分布** 全世界范围，直到北极圈
- **食物** 几乎完全以水母为食，但有时也吃鱿鱼和其他软体动物

数据与事实

1280 米
最深潜水纪录

日游泳距离
30～65千米
千米 10 20 30 40 50 60 70

棱皮龟的血液围绕全身流动，以便更多热量存储在身体的重要器官周围。比起其他海洋爬行动物，它更擅于在冰冷的海水中游泳。

潜水
12～15分钟（潜水时间）
85分钟（最长潜水时间）
分钟 20 40 60 80 100
米 100 200 300
200米（潜水深度）

体温
25℃
℃ 10 20 30

最快游速
35.3 千米/时

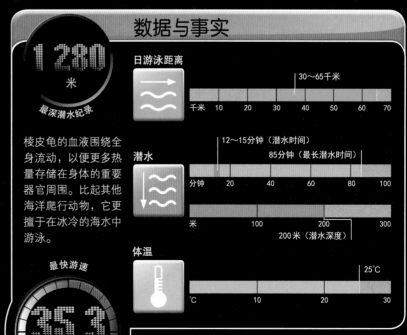

> "棱皮龟每日**休息**时间不足**15分钟**"

动物运动家

145

惹眼的短跑选手
冠蜥

圣经故事中耶稣能在水面上行走，因此冠蜥也叫耶稣蜥蜴，而事实上这种蜥蜴更多的是跑而不是走。在冠蜥栖息的沼泽森林中，捕食者不仅埋伏在树上，同样也会在水中出没。在遇到危险时，冠蜥可以在溪流的水面上飞奔逃生。

特征一览

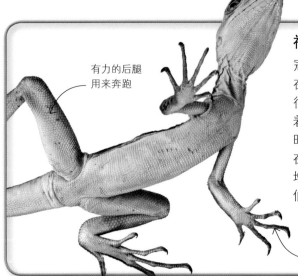

- **体形** 体长60~90厘米（雄性比雌性大）
- **栖所** 沼泽森林
- **分布** 中美洲和南美洲
- **食物** 昆虫、其他小型动物、花朵和水果

神奇之足

冠蜥特殊进化的足能帮助它们在水上奔跑。它们的后足通常很大，每个足趾的边缘都镶嵌着皮瓣膜。蜥蜴在陆地行走时，皮瓣膜保持折叠的状态；在水上奔跑时，皮瓣膜打开以增大与水的接触面积，帮助它们保持漂浮的状态。

有力的后腿用来奔跑

长足趾

尾帮助保持平衡

数据与事实

13
年
饲养寿命

年幼的、体重略轻的冠蜥是最佳的水面竞跑选手。随着年龄增长，它们可能会因体重太重而无法再在水面上奔跑。

水上奔跑

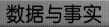

2~7秒（时长）

秒　　　2　　　4　　　6　　　8

米　　　10　　　20　　　30

5~20米（下沉前的奔跑距离）

步幅

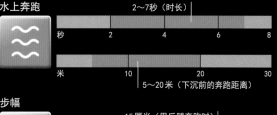

15厘米（用后腿奔跑时）

厘米　　　5　　　10　　　15　　　20

10
千米/时

水上奔跑的速度

移动的秘密

冠蜥在水上奔跑的每一步都可以分为三个阶段。第一阶段，冠蜥的足拍打水面，受压的水移开，在冠蜥的足周围形成充气的水泡。第二阶段，由于第一阶段的动作，水面产生向上的支撑力。这样，冠蜥的足连续拍打水面，就可以使身体保持在水面上。最后一个阶段，冠蜥

向后蹬出的腿可以产生推动身体向前的力。冠蜥的每一步都会与水面短暂接触，但它必须快速奔跑才能避免身体下沉。

用以爬行的爪

冠蜥不但具有非凡的水上奔跑能力，而且还是游泳专家和攀爬高手。当它们爬树躲避捕食者时，长而锋利的爪子能帮助它们抓牢树干。

绿色为蜥蜴在森林中提供保护色

速度的必要性

很多微小的昆虫都能站在静止的水面上，因为水面的张力能够支撑它们的体重。而冠蜥的体重较重，只有在快速跑动的时候才能在水面上瞬间停留。当它们从水面上跑过时，身后会留下一串水泡。

奔跑时伸出前臂

强壮的后腿

"冠蜥脚下的**气泡**支撑它们**漂**在**水面上**"

能在水上奔跑的体重最重的**动物**

速度型游泳冠军
旗鱼

没有任何动物能比旗鱼游得更快，它们细长圆滑的身体本来就是为速度而生的。旗鱼体内含有一种能储存氧气的色素细胞，所以它们的身体肌肉呈血红色。旗鱼追逐小型鱼类和乌贼时，晃动着如旗帜一般的背鳍威吓猎物，将猎物驱赶到一起，再用长吻猛烈敲击海水将猎物击晕。

特征一览

- **体形** 体长2.4~3.5米，最大体重100千克
- **栖所** 开阔海域的温暖水面
- **分布** 全世界范围
- **食物** 小型鱼类和乌贼

数据与事实

13 年
最长寿命

除了具有能储存氧气的肌肉，旗鱼的头内还有一个发热器，能保持大脑和眼睛的温度，从而最大限度地提升游泳能力。

游泳距离

35 000千米（一生）

| 千米 | 10 000 | 20 000 | 30 000 | 40 000 |

游泳深度

0~200米

| 米 | 50 | 100 | 150 | 200 | 250 |

温度

20℃~30℃（环境）　　34℃~35℃（脑）

| ℃ | 10 | 20 | 30 | 40 | 50 |

最快速度

110 千米/时

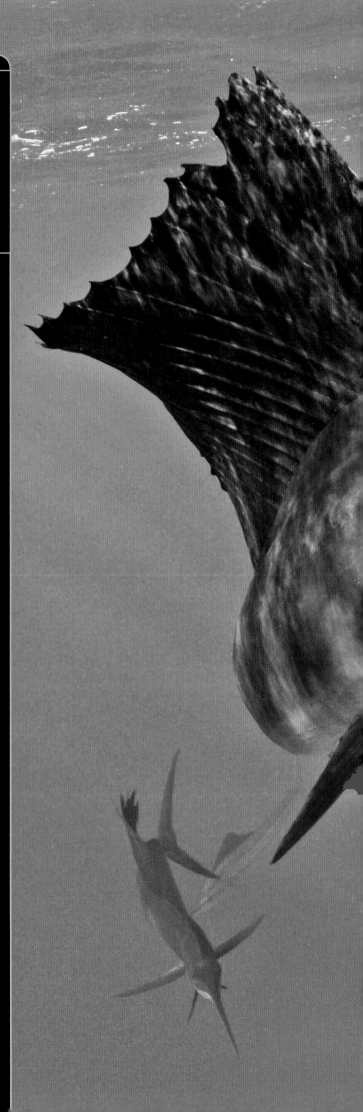

"旗鱼游泳的**速度**比**冲刺**的猎豹还要**快**"

变色

在以最快的速度追捕猎物时，旗鱼的背鳍能够折叠起来，但当它们兴奋或围捕猎物时，背鳍就会打开。旗鱼和变色龙一样，能根据心情快速变换身体的颜色。

珊瑚为食
织茧安睡
鹦鹉鱼

地球上很多白沙滩都是鱼类创造的。 在温暖的热带浅海地区，鹦鹉鱼每年都要倾倒数吨沙子，在平静的海域，这足以营造出一片沙滩。鹦鹉鱼得名于它们的牙齿，牙齿融合为一体形成一个坚硬的喙，用来啃食珊瑚，但坚硬的珊瑚骨骼却无法被消化。珊瑚在鱼的体内被磨碎，通过消化系统被直接排出体外，就变成了白色的珊瑚沙子。

特征一览

● **体形** 根据种类的不同，体长0.3~1.3米不等

● **栖所** 浅海区和珊瑚礁

● **分布** 全世界，特别是热带地区

● **食物** 珊瑚和藻类

数据与事实

15
年
最长寿命

鹦鹉鱼吃下的食物中有四分之三是坚硬的石头。

栖息水下深度

200
米

摄食比例

| 0 | 25%（沙子） | 50%（白垩岩） | 20%（藻类） | 5%（其他生物和岩屑） | 100% |

排出的沙子重量

一条鹦鹉鱼每年能排出90千克沙子

每英亩（1英亩等于4 047平方米）珊瑚礁的鹦鹉鱼每年能产生1 000千克沙子

好梦甜甜

整个白天，鹦鹉鱼都忙着啃食珊瑚，到了夜晚，它们便睡在由自己分泌的黏液所形成的像茧一样的气泡里。这种茧壳的作用尚不明确，可能是为了遮掩鹦鹉鱼的气味以逃避捕食者。

最棒的沙滩建造师

击中目标

射水鱼的口腔顶部有一道很细的沟槽，用舌尖抵着沟槽能形成一个窄管。当射水鱼挤压鳃部时，通过窄管就能喷出一股水流。随着不断练习，年幼的射水鱼的射击技术会越来越精准。

"射水鱼能**跃出**水面**30厘米捕捉**猎物"

神射手
射水鱼

射水鱼能从嘴里喷射出一股水流击中猎物，很少失手。它们喷射的水柱可高达2米，能射中毫无防备的昆虫或挂在树叶上休息的蜘蛛。射水鱼不仅视力绝佳，还能从水下校正目标的位置——在水中看上去猎物的位置和其实际所处的位置完全不同。射水鱼喷出的水流力量取决于猎物大小。

特征一览

- **体形** 根据种类的不同，体长10~40厘米不等
- **栖所** 通常在河口和红树林的咸水区
- **分布** 从印度到西太平洋岛屿，新几内亚岛和澳大利亚
- **食物** 昆虫、蜘蛛、小型鱼类和甲壳动物

数据与事实

10
年
饲养寿命

射水鱼通过射水获得的食物不足它们摄取量的四分之一，大部分食物还是来源于生活在水中的动物。

射水范围

2
米

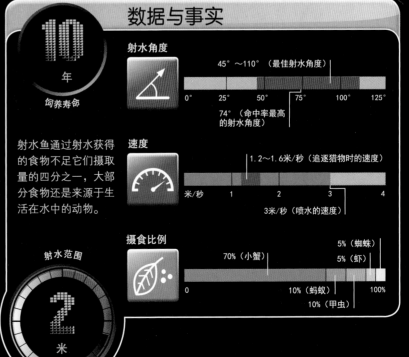

射水角度

45°~110°（最佳射水角度）

0°　25°　50°　75°　100°　125°

74°（命中率最高的射水角度）

速度

1.2~1.6米/秒（追逐猎物时的速度）

米/秒　1　2　3　4

3米/秒（喷水的速度）

摄食比例

70%（小蟹）　5%（蜘蛛）　5%（虾）

0　10%（蚂蚁）　100%

10%（甲虫）

缓慢的行者
海马

海马的体形是为悬挂而不是为速度而生。即便海马有急事，也需要花费半个小时才能游人类一条手臂的距离。大多数鱼类都有一条能摆动的尾来推动身体向前游动，而海马有一条细长且能盘卷的尾，这条尾的作用不是用来游泳，而是用来紧紧抓住海草和其他水下物体的。因此，海马只能依靠摆动背鳍来缓慢游动。海马通常游过一段短短的距离就会紧紧地抓住海藻，在它们的庇护之下歇息一会儿。

小小的口位于管状吻部的底端

奇特的鱼

海马与其他鱼类不同，能直立着游泳。它具有柔韧的脖颈，可以使头部与躯干成直角。它的全身没有鳞片，皮肤下排列有骨质环状甲片。海马还有一个非常小的口，这意味着它只能吃海草周围的体形微小的动物。

游速最慢的鱼类

背鳍
海马飘动的背鳍为其游动时提供所需的动力，但它无法使海马增加速度。海马的背鳍每秒钟波状摆动40次，而大多数鱼类的背鳍则是坚硬而无法活动的。海马用头部下方的另一对鳍来控制方向。

鳍控制移动

尾能卷住海草

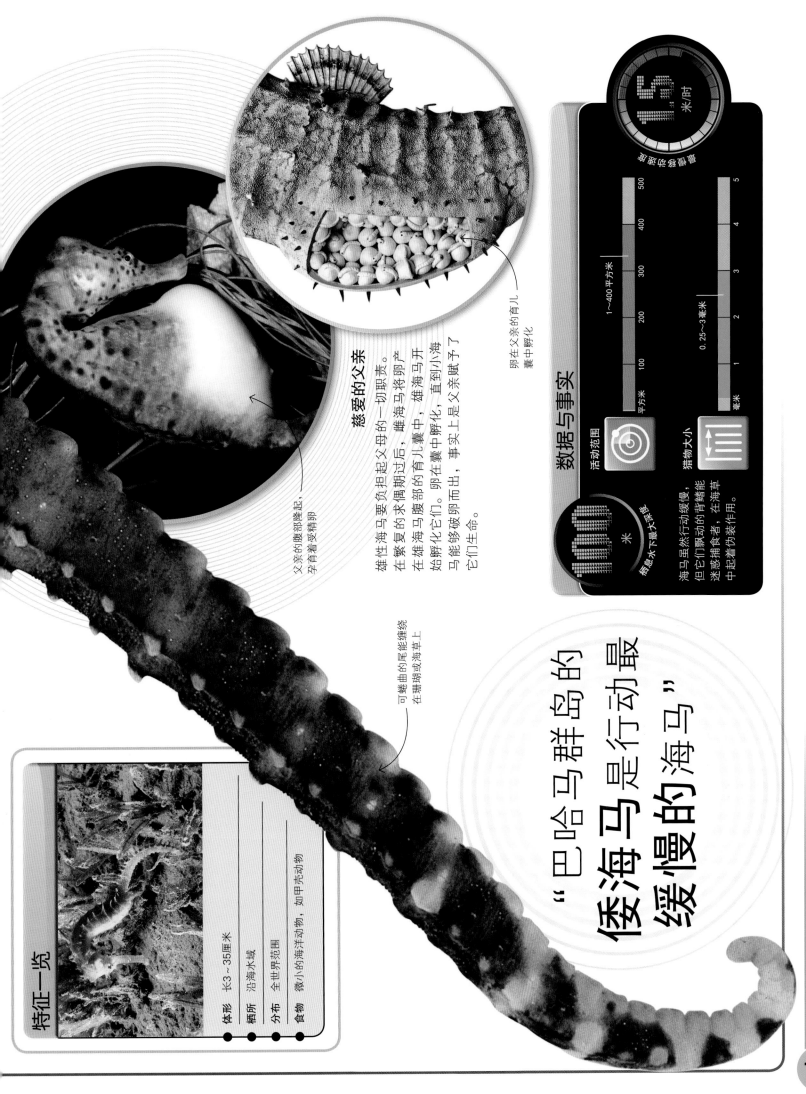

慈爱的父亲

雄性海马要负担起父母的一切职责。在繁复的求偶期过后，雌海马将卵产在雄海马腹部的育儿囊中，直到小海马开始孵化它们。卵在囊中孵化而出，事实上是父亲赋予了它们生命。

卵在父亲的育儿囊中孵化

父亲的腹部隆起，孕育着受精卵

可蜷曲的尾能缠绕在珊瑚或海草上

"巴哈马群岛的倭海马是行动最缓慢的海马"

数据与事实

活动范围 1~400平方米

平方米 | 100 200 300 400 500

猎物大小 0.25~3毫米

毫米 | 1 2 3 4 5

15 千米/时 世界上游泳最慢的鱼类

100 米 栖息水下最大深度

海马虽然行动缓慢，但它们飘动的背鳍能迷惑捕食者，在海草中起着伪装作用。

特征一览

- 体形 长3~35厘米
- 栖所 沿海水域
- 分布 全世界范围
- 食物 微小的海洋动物，如甲壳类动物

最黏糊糊的动物
盲鳗

当盲鳗受到威胁时，会从身体两侧的200多个孔中喷射出黏液来转移敌人的注意力。多数猎食者会放弃攻击，而那些穷追不舍的猎食者，它们的鳃会被黏液堵塞得无法呼吸。盲鳗是深海中的食腐者，它们钻入鲸的尸体中啃食腐肉。

短触须用来搜寻食物

盲鳗口部周围有3对感觉触须

"盲鳗也叫**鼻涕鳗**"

黏液从遍布身体两侧的小孔中喷射出来

片食腐肉

盲鳗的口呈圆筒形，没有上下颚，口内有由软骨构成的硬质板状结构，能拉进和推出。板状结构上有两排三角形的牙齿，像锉刀一样把腐肉片下来食用。

向后的尖牙直接将食物送入喉咙

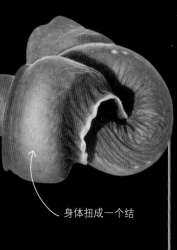

身体扭成一个结

柔术演员

盲鳗的身体非常柔软，它能将自己打成一个结。它们没有脊柱，因此能够任意表演柔术。盲鳗故意将身体扭成结状是为了增加身体推撞腐肉的面积，这能让它们有更大的力量来撕开大块的肉。

特征一览

体形	根据种类的不同，体长20～130厘米不等
栖所	寒冷海域和深海区
分布	全世界范围
食物	大型动物的腐肉和活的蠕虫

数据与事实

5
升
产生的黏液量

黏液喷射距离
10～17厘米
厘米　5　10　15　20

喷射到敌人身上的时间
少于0.4秒
秒　1　2　3　4

盲鳗将身体打结的能力能清除身体上的黏液，防止鳃被堵塞。

65
千米/时
黏液喷射速度

水下奇观

尽管看起来很像鳗，但盲鳗并不是鳗的近亲，因为它们没有脊柱。这种奇特的动物生活在海床上，在那里它们能找到许多沉于海底已经死去或正在死去的动物。

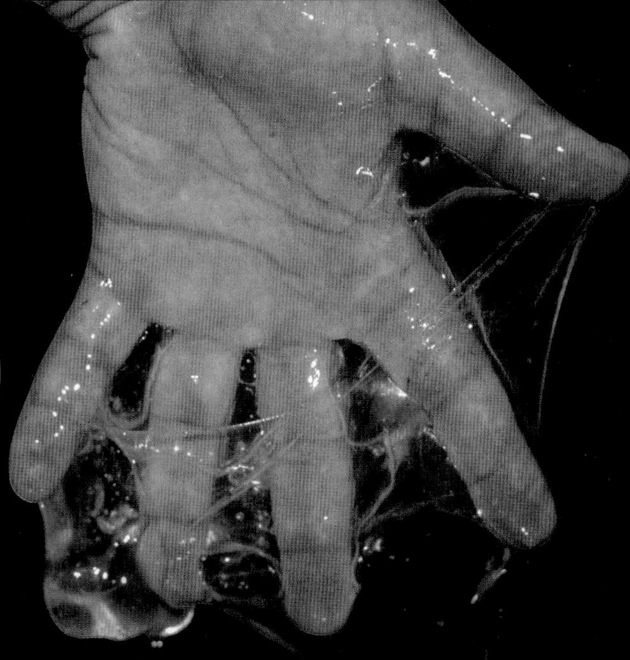

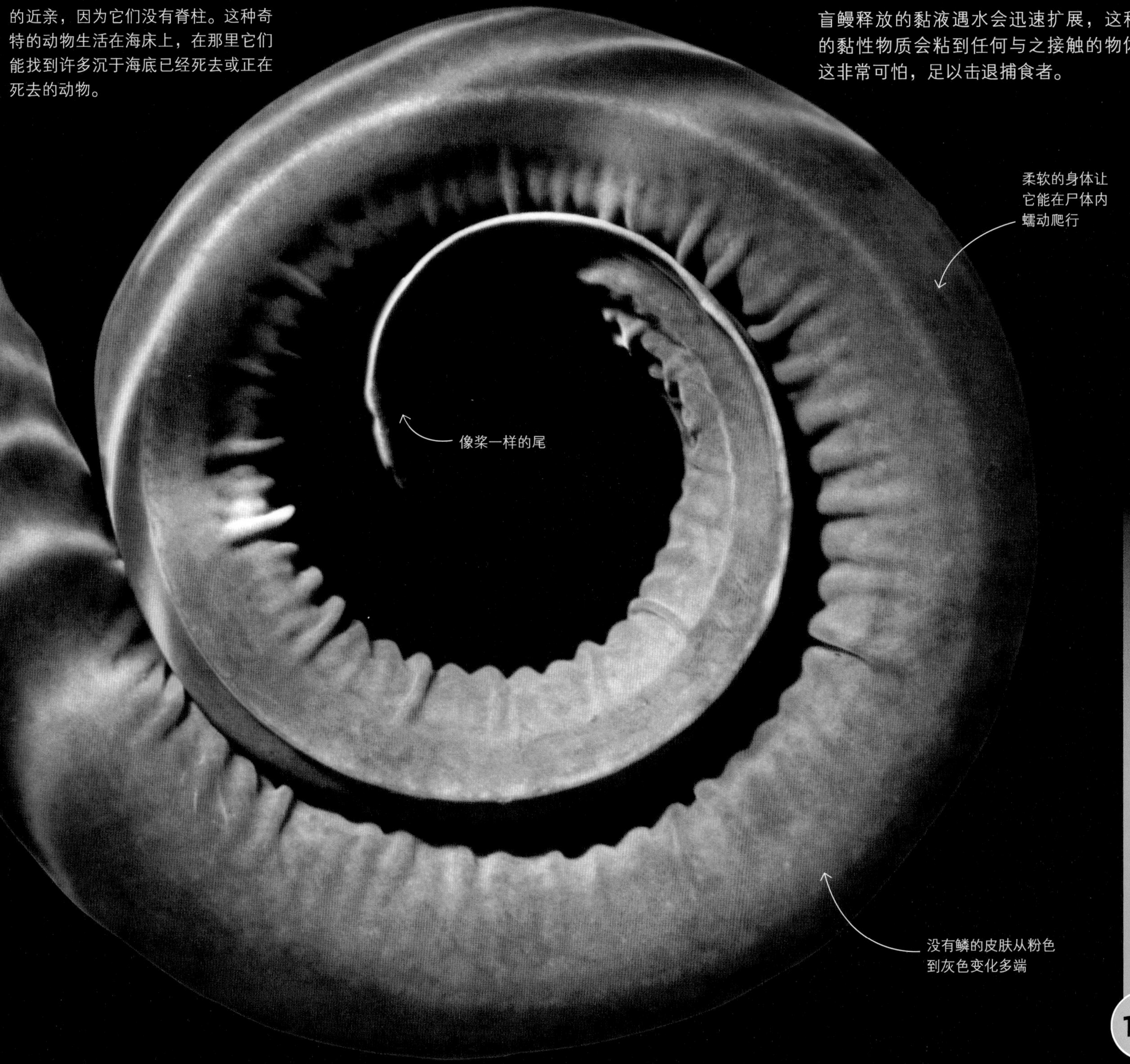

黏液防御战

盲鳗释放的黏液遇水会迅速扩展，这种厚重的黏性物质会粘到任何与之接触的物体上，这非常可怕，足以击退捕食者。

柔软的身体让它能在尸体内蠕动爬行

像桨一样的尾

没有鳞的皮肤从粉色到灰色变化多端

动物运动家

157

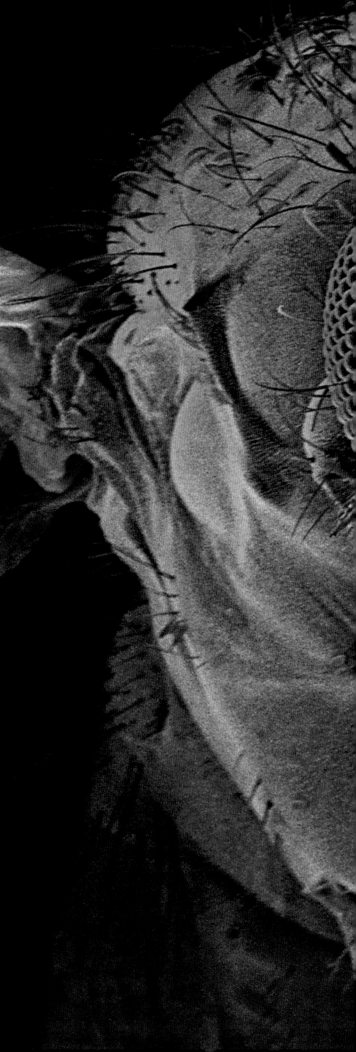

致命的动物

按蚊

只要被按蚊这种小昆虫咬一口就可能传染上致命的疾病。疟疾是由微小的寄生虫——疟原虫钻入体内感染血液而引起的一种疾病。疟原虫由按蚊携带，在全世界范围内的热带地区都有分布。雄性按蚊吸吮花蜜，而雌性按蚊则需要吸血才能产卵。在雌性按蚊吸血的同时，很有可能会将疟原虫带入受害者的体内。

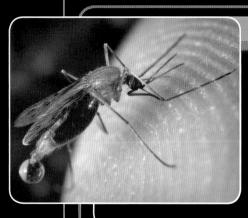

特征一览

- **体形**　体长3～6毫米
- **栖所**　任何靠近水的温暖地区
- **分布**　热带地区和其他温暖的区域
- **食物**　雌性吸食花蜜，同时需要吸血来产卵；雄性仅吸食花蜜

数据与事实

2 周
雌性按蚊寿命

按蚊在天黑后才外出觅食，在夜幕掩护下，它们能不引人注意地吸血数分钟。按蚊靠近地面飞行，因此脚踝是最常被咬到的部位。

刺咬

2～6滴（100只按蚊吸吮的血液量）

| 0 | 1 | 2 | 3 | 4 | 5 | 6 |

| 分钟 | 1 | 2 | 3 | 4 |
2～3分钟（刺咬时间）

数量

10 000只（一座小村庄的按蚊数量）

约1 000只（携带疟原虫的按蚊数量）

潜伏期

7～14天（疟疾的症状出现）

| 天 | 2 | 4 | 6 | 8 | 10 | 12 | 14 |

每年因疟疾死亡的人数
66.5
万人

"一只**按蚊**的
唾液腺中就可能
携带200 000只
疟原虫"

疟疾的传播
雌性按蚊一旦落在人类皮肤上，就会将口器刺入人体。它的唾液中可能会携带在其胃壁上发育成熟的疟原虫。

热液喷射器
射炮步甲

当射炮步甲感觉有威胁时，它们会从腹部末端喷射出一股沸腾的爆炸性液体来猛攻敌人。这股爆炸性的液体除了非常炽热之外，还具有很强的刺激性。射炮步甲的喷射相当精准，能全方位直击目标。

特征一览

- 体形　体长0.5~3厘米
- 栖所　森林和草原
- 分布　全世界范围
- 食物　其他昆虫

瞄准

射炮步甲可从各个角度发起攻击，它能将热液向前（见图1）、向下（见图2）和向后（见图3）喷出。它们的腹部能向上或向下弯曲，而且在腹部末端的喷嘴处还有一个微小的盾形偏转器，能帮助矫正热液喷射角度。这个令人惊异的武器背后的谜团则是射炮步甲如何使自身免受热液伤害。

最具爆炸威力的动物

100

℃

液体温度

液体喷射速度

2.5~20米/秒

米/秒　5　10　15　20　25

射炮步甲的攻击不仅
又快又准，它们还能
远距离喷射敌人。

液体喷射距离

20~30厘米（身长2厘米的步甲）

厘米　10　20　30　40

液体可供喷射次数

20-29

次

喷嘴

腹部抬起，液
体从头顶上方
喷射出去

液体储存室

混合室

喷嘴

化学鸡尾酒

射炮步甲喷射出的爆炸性液体是由昆虫腹部
两个液体储存室内的化学物质混合而成的。
化学反应的速度很快，瞬间产生大量热量，
随着"砰"的一声，炽热的液体从步甲尾端
可旋转的喷嘴中射出。

"混合产生的
液体可供喷射
20次左右"

让开，躲远点！

尽管射炮步甲有坚硬的翅覆盖着身体，
但当它们遇到攻击时，翅膀还不足以
保护它们。喷射热液能为它们展开
翅膀迅速逃走争取到更多的时间。

动物运动家

161

小而有力
桡足类

桡足类是生活在池塘和海洋中的微小动物。它们看起来形态简单，但却是多项纪录的保持者。首先，它们是数量最为庞大的动物，现存数量是人类自诞生以来所有人口累计数量的万亿倍之多。它们也被认为是同体形动物中运动速度最快和最强壮的动物。

数据与事实

1 亿兆

海洋中的数量

桡足类轻易不会感到疲累，它们的一些腿用来游泳，另一些腿则用来跳跃着躲避捕食者。

跳跃

50厘米（距离）

| 厘米 | 20 | 40 | 60 |

50～140次（跳跃时）

| 每秒蹬腿次数 | 50 | 100 | 150 |

速度 0.6 米/秒

"世界上有 **13 000种** 桡足类"

触角用来感知捕食者和猎物

尾

泪珠状的身体几乎是透明的

雌性身体后部有两个卵囊

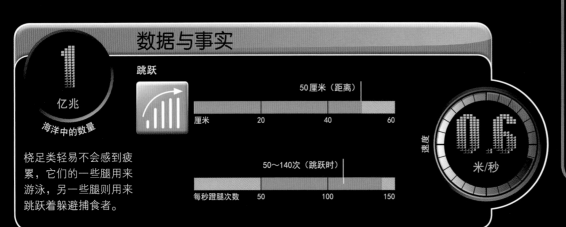

速度和力量

桡足类的腿部肌肉让它能够以最快的速度推开水，以跳跃的方式向前游动，和同等体形的动物相比，桡足类的身体强壮10倍有余。

千足步兵
马陆

马陆也叫千足虫，尽管它们有着数量可观的足，但却跑不快。马陆是挖穴能手，它们用足部的力量来推动土壤。

蜷曲成厚实的保护性盔甲

头部有一对短触角

拥有最多足的动物

护身盔甲

马陆跑不快，遇到捕食者时它们蜷曲成圆环状，依靠盔甲的保护，或释放出有毒的油性液体来威吓敌人。马陆爬行时，所有的足一起工作，身体扭动如涟漪波动。

"刚孵化出来的马陆只有6条足"

数据与事实

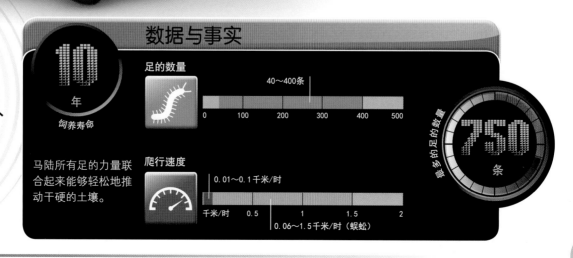

10 年
饲养寿命

足的数量
40～400条
0　100　200　300　400　500

马陆所有足的力量联合起来能够轻松地推动干硬的土壤。

爬行速度
0.01～0.1千米/时
千米/时　0.5　1　1.5　2
0.06～1.5千米/时（蜈蚣）

最多的足的数量 **750** 条

暴躁的雷神
枪虾

来看看这种用声音作为武器的虾吧。 枪虾咔咔作响的大螯发出的巨大声音常常被认为是干扰船只声呐的罪魁祸首。它们巨大的螯钳迅速闭合能产生冲击波，可将猎物击晕或杀死。

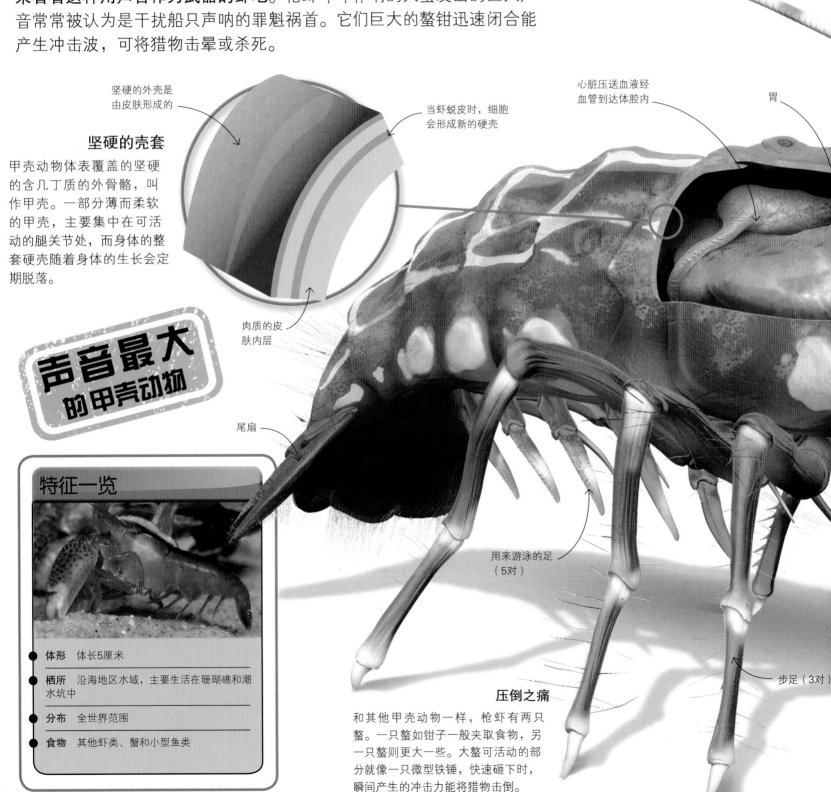

坚硬的外壳是由皮肤形成的

当虾蜕皮时，细胞会形成新的硬壳

心脏压送血液经血管到达体腔内

胃

坚硬的壳套

甲壳动物体表覆盖的坚硬的含几丁质的外骨骼，叫作甲壳。一部分薄而柔软的甲壳，主要集中在可活动的腿关节处，而身体的整套硬壳随着身体的生长会定期脱落。

肉质的皮肤内层

声音最大 的甲壳动物

尾扇

用来游泳的足（5对）

步足（3对）

特征一览

体形	体长5厘米
栖所	沿海地区水域，主要生活在珊瑚礁和潮水坑中
分布	全世界范围
食物	其他虾类、蟹和小型鱼类

压倒之痛

和其他甲壳动物一样，枪虾有两只螯。一只螯如钳子一般夹取食物，另一只螯则更大一些。大螯可活动的部分就像一只微型铁锤，快速砸下时，瞬间产生的冲击力能将猎物击倒。

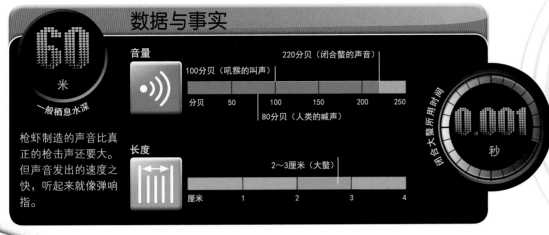

数据与事实

60
米
一般栖息水深

枪虾制造的声音比真正的枪击声还要大。但声音发出的速度之快，听起来就像弹响指。

音量

| 分贝 | 50 | 100 | 150 | 200 | 250 |

100分贝（吼猴的叫声）
220分贝（闭合螯的声音）
80分贝（人类的喊声）

长度

| 厘米 | 1 | 2 | 3 | 4 |

2～3厘米（大螯）

0.001
秒
闭合大螯所用时间

"被枪虾**击打**的感觉就像被**橡皮筋崩**了一下"

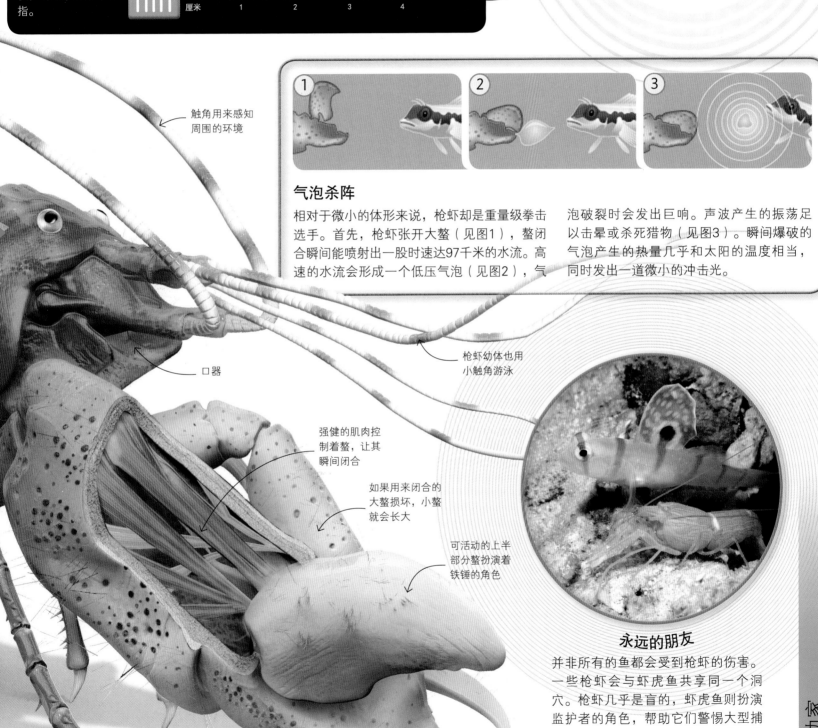

触角用来感知周围的环境

口器

强健的肌肉控制着螯，让其瞬间闭合

如果用来闭合的大螯损坏，小螯就会长大

可活动的上半部分螯扮演着铁锤的角色

下半部分螯起着铁砧板的作用

枪虾幼体也用小触角游泳

气泡杀阵

相对于微小的体形来说，枪虾却是重量级拳击选手。首先，枪虾张开大螯（见图1），整闭合瞬间能喷射出一股时速达97千米的水流。高速的水流会形成一个低压气泡（见图2），气泡破裂时会发出巨响。声波产生的振荡足以击晕或杀死猎物（见图3）。瞬间爆破的气泡产生的热量几乎和太阳的温度相当，同时发出一道微小的冲击光。

永远的朋友

并非所有的鱼都会受到枪虾的伤害。一些枪虾会与虾虎鱼共享同一个洞穴。枪虾几乎是盲的，虾虎鱼则扮演监护者的角色，帮助它们警惕大型捕食者。作为回报，枪虾会挖洞为虾虎鱼提供休憩的场所。

动物运动家

165

伪装大师
拟态章鱼

在亚洲海域的浅海处，生活着自然界最优秀的模仿秀艺人。拟态章鱼于1998年被发现，它们能模拟其他海洋生物，在瞬间就能从一种拟态变换成另一种拟态，是超级模仿秀大师。它们凭借布满花纹的触手和可配合背景变换体色的能力，在前一分钟刚变身为一只漂浮的水母，在下一分钟则又变成扭动着的海蛇尾。它们以此来驱赶捕食者，这也是它们唯一的防御方式。

下一个扮演对象

拟态章鱼最喜爱扮演比目鱼。它们扁平的身体非常有利于在水中快速游走。当受到威胁时，拟态章鱼在10秒钟之内就能将自己化身为更为厉害的角色，例如致命的海蛇或鲉鱼。

海蛇尾

将部分身体和6条触手埋进沙子，摆动另外两条触手，这样看起来像一条海蛇

海蛇

比目鱼

将所有触手折叠放在身体下方，模仿比目鱼的样子

数据与事实

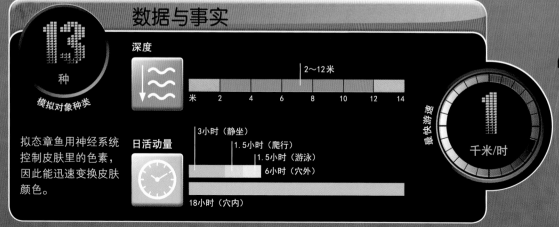

13 种
模拟对象种类

拟态章鱼用神经系统控制皮肤里的色素，因此能迅速变换皮肤颜色。

深度

2~12米

米　2　4　6　8　10　12　14

日活动量

3小时（静坐）
1.5小时（爬行）
1.5小时（游泳）
6小时（穴外）
18小时（穴内）

最快游速

1
千米/时

> "它通过**改变**体形来愚弄**捕食者**"

褐色和白色相间
的花纹能瞬间全
部变成褐色

● 体形　触手展开达 60 厘米

栖所　泥泞的浅海水底

分布　东南亚地区

食物　小型动物，如鱼类和蟹

下沉的感觉

人们认为拟态章鱼常常
扮演水母的角色。在海洋
上层水域游泳时，它们将触
手伸展到头顶上方，看起来如
同水母的"钟罩"，接着缓慢地
下沉到水底。这种角色扮演会让捕
食者因恐惧水母的蜇刺而远离它们。

动物运动家

自然界之最

动物们通过四处活动来寻觅食物、守卫领地、寻求配偶和逃离攻击。很多动物在力量、速度、耐力等不同方面进化出令人惊异的高超技艺。动物在觅食、自卫或筑巢时常常展现出令人惊叹的敏捷身手，有些动物还会制造和使用工具。

"链球蛛挥舞用自己吐的**丝**做成的黏球来**击中**猎物"

振翅速度最快的动物

● 蜜蜂	230次/秒
● 梅花翅娇鹟	100次/秒
● 角蜂鸟	90次/秒
● 弄蝶	20次/秒

蜜蜂

最小的巢

吸蜜蜂鸟所筑的巢是最小的巢，直径仅有2厘米，和半个核桃差不多大。

核桃

最快速的振翅

只有蝙蝠、大多数昆虫和鸟类才能进行真正的飞行。它们都有翅膀，挥舞翅膀最快的动物是蠓（一类蝇），每秒钟能拍打翅膀1 046次。快速的振翅能让蠓悬停在空中。

1046 次

200 米

滑行距离最长的动物

● 鼯猴	150米
● 天堂金花蛇（飞蛇）	100米
● 鼯鼠	90米
● 飞蜥	60米
● 飞蛙	30米

出其不意的战术

当受到威胁时，角蜥会从眼中喷射出一股血液来吓走敌人。血淋淋的喷射物能射到1.2米远的地方。

角蜥

轻松滑行

在跃出水面后，乘着上升的气流，飞鱼能以60千米/时的速度滑行200多米，跃出海面的高度可达1.2米。

天堂金花蛇

猎豹

运动速度最快的动物

●	游隼	350千米/时
●	猎豹	114千米/时
●	大西洋旗鱼	100千米/时
●	叉角羚	100千米/时
●	非洲鸵鸟	70千米/时
●	鳁鲸	60千米/时
●	刺尾鬣蜥	35千米/时
●	避日蛛	16千米/时

黑猩猩

耐心的食客

拉合尔羊蜱是一种吸血寄生虫，具有惊人的持久力，它们吃一餐饭能活18年。

敏捷的飞行家

游隼俯冲扑向猎物时或许速度是最快的，但在普通的振翅飞行的鸟类中，速度最快的是针尾雨燕，可达160千米/时。

160
千米/时

"一些野生黑猩猩用尖锐的小棍制成矛来刺穿小型猎物"

游隼

跳高运动员

很多鱼都能跃出水面，但跳得最高的当属鲭鲨，它们能跳到6米高。

跳跃距离最远的动物

●	雪豹	17米
●	美洲牛蛙	2米
●	更格卢鼠	2米
●	跳蚤	0.8米

12
米

弹跳冠军

赤大袋鼠在澳大利亚空旷的内陆地区蹦蹦跳跳，它们是有袋类动物中的长距离跳远冠军。它们强壮、富有弹力的后腿能毫不费力地跳过12米的距离。

美洲牛蛙

袋鼠

生命的故事

有些动物生存的环境或许相对恶劣——太热、太冷、缺少足够的食物，因此它们需要调整生活方式来应对不断变化的环境。这些动物使出十八般武艺以确保自己和后代能够生存、繁衍。

豆大的宝宝
赤大袋鼠

袋鼠刚出生时非常小，比一颗豆子大不了多少。它们的身体尚未发育完全，后腿看起来如同残肢一般。和其他的有袋类一样，小袋鼠或者说幼崽，不在子宫内发育，大多数在出生后爬到妈妈的育儿袋中靠吸吮乳汁发育。

养家

袋鼠妈妈可以同时哺育处于不同时期的几只幼崽——一只幼崽已经长到可以离开育儿袋，另一只正在育儿袋里吸吮着乳汁发育，还有一只正准备出生。这是因为母袋鼠的每个乳头都具有分开的各自独立的乳腺，不同乳头内的乳汁能够满足每只幼崽的不同需求。

数据与事实

27
年
寿命

幼崽在离开育儿袋后还会继续吸吮乳汁。

新生幼崽体重

1
克

时间

	235天（完全离开育儿袋）	
	33天（妊娠期）	
天	100	200	300

190天（初次离开育儿袋）

生长速度

1克	238克	2 250克	6 230克
天	100	200	300

在直立时，强壮的尾起着支撑作用

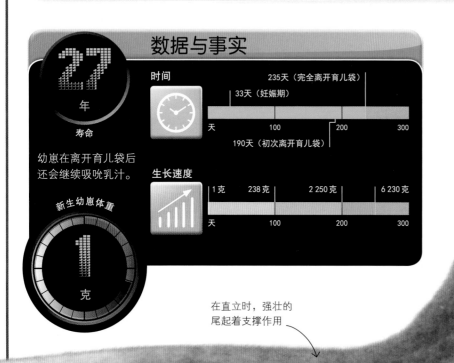

等待空位

雌性袋鼠在生育后很快就开始下一轮交配，但是胚胎不会立刻发育，它们要等到占据育儿袋的幼崽长大离开时才会出生。

能活动的
大耳朵

大眼睛对移
动的物体非
常敏感

袋鼠舔舐前肢
以降温

幼崽待在妈妈
的育儿袋里

硕大的后肢
有利于跳跃

特征一览

体形	头体长0.8～1.6米，尾长0.7～1.2米
栖所	草原和半沙漠地区
分布	大多数集中在澳大利亚
食物	主要以草为食，也吃其他低矮的植物

乳汁喂养

新生小袋鼠细小的前
肢抓着妈妈的皮毛，
头部向上在育儿袋中
衔着乳头，乳头在小
袋鼠口中膨胀，因此不
会从它的口中脱出来。

同体形父母中
幼崽
最小的动物

保证安全

出生130天后，小袋
鼠仍然藏在妈妈的育
儿袋中，但不会再叼
着乳头了。在初次离
开育儿袋之前，它们
还会留在育儿袋中60
天，以获得更多的力
量并生长皮毛。

生命的故事

173

最长的孕期
非洲象

非洲象是陆地上体重最重，同时也是拥有最长的妊娠期的哺乳动物。小象在出生之前，要在妈妈的子宫里待上将近两年。小象要成长到青春期才离开母亲独自生活。

胎儿在子宫内发育。虚线显示的是当有胎儿时的子宫大小。

温度控制

体形庞大的非洲象会产生大量的热量。为避免过热，血液在流经耳朵皮肤下面的血管网络时会降温。

特征一览

体形	肩高1.6～4米，雄性比雌性体形大，森林象比草原象体形小
栖所	草原、半沙漠、森林和沼泽
分布	非洲
食物	草和其他植物

珐琅质的脊突用来磨碎食物

换牙

对大部分哺乳动物来说，替换齿都是从旧齿的下方长出来的，而象的替换齿则从旧齿的后方长出来。象的嘴很短，通常每侧上下只有一颗大的颊齿。

产道

短而粗大的脖颈支撑着大大的头部和长牙

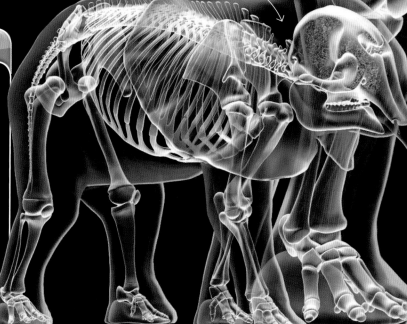

数据与事实

22 个月

妊娠期

持续生长的獠牙是巨大的骨质结构的长牙，称作象牙。

最大体重

7 500 千克

 象牙

| 3.5米（最长的象牙） |
| 1.5～2.4米（象牙长度） |

米		1	2	3	4

千克		40	80	120

107千克（最重的象牙）

23～45千克（象牙重量）

器官重量

20千克（心脏）

千克		10	20	30

6千克（脑）

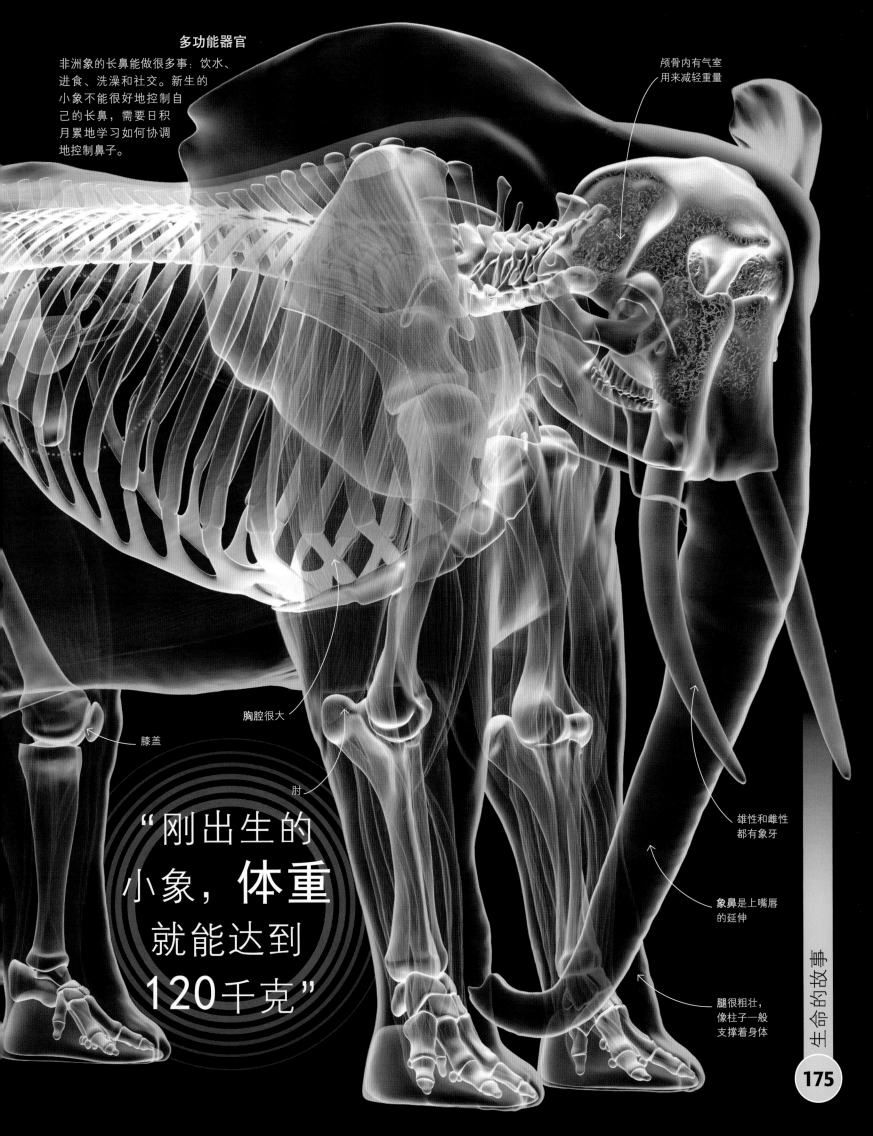

多功能器官

非洲象的长鼻能做很多事：饮水、进食、洗澡和社交。新生的小象不能很好地控制自己的长鼻，需要日积月累地学习如何协调地控制鼻子。

颅骨内有气室用来减轻重量

膝盖

胸腔很大

肘

"刚出生的小象，体重就能达到120千克"

雄性和雌性都有象牙

象鼻是上嘴唇的延伸

腿很粗壮，像柱子一般支撑着身体

敏感的吸血鬼

吸血蝠

吸血蝠有着可怕的名声，但它们并不像人们想象的那么坏。吸血蝠夜晚飞离洞穴，寻找温血动物吸食血液，但并不是所有的吸血蝠都能找到食物。返回洞穴后，没有觅得食物的饥饿的吸血蝠向身边饱餐的同伴们乞求，那些饱餐的吸血蝠会反哺血液给同伴。

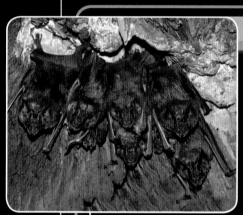

特征一览

- **体形** 头体长7~9厘米
- **栖所** 森林和牧场
- **分布** 中美洲和南美洲
- **食物** 哺乳动物的血液，有时也吸食大型鸟类的血液

数据与事实

20 克
一次吸食的血液量

吸血蝠的牙齿锋利如刀。吸血时，它们先剃去猎物的一小块皮毛，接着咬开皮肤，舔食血液。它们的唾液能防止血液凝固。

牙齿

20颗（牙齿数量）

| 0 | 10 | 20 | 30 |

| 毫米 | 1 | 2 | 3 | 4 | 5 |

4毫米（犬齿和门齿长度）

时间

120分钟（寻觅猎物和啮咬时间）

9~40分钟（进食时间）

翼展

20厘米

| 厘米 | 10 | 20 | 30 | 40 |

飞行速度

14 千米/时

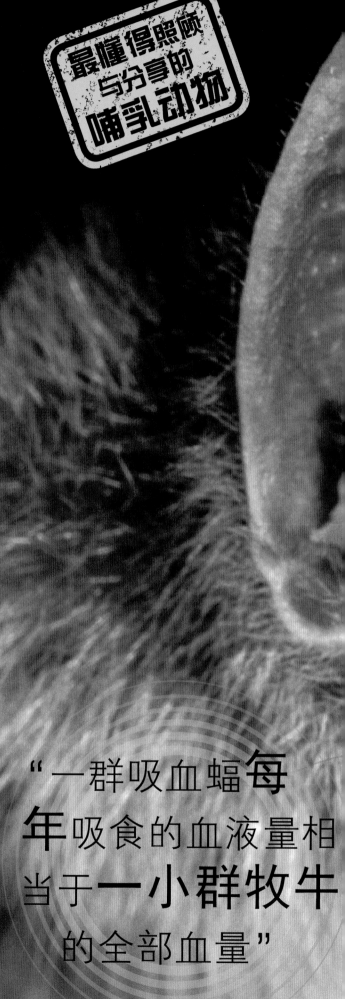

"一群吸血蝠每年吸食的血液量相当于一小群牧牛的全部血量"

器，能探测到猎物散发出来的
热量。它们还能感知可供它们
饱餐一顿的熟睡的动物所发出
的呼吸声。

为探寻血液而生的鼻子

吸血蝠的鼻子中有特殊的感受
器，能探测到猎物散发出来的
热量。它们还能感知可供它们
饱餐一顿的熟睡的动物所发出
的呼吸声。

最长的童年
猩猩

当猩猩离开家独自生活的时候，已经度过了其生命的三分之一的时间。年幼的猩猩在雨林中生存需要学习很多东西，它们唯一的学习对象是自己的母亲。一些猩猩在长大后还会留在母亲身边帮助抚养年幼的弟弟妹妹。

特征一览

体形	头体长1.25～1.5米
栖所	雨林
分布	苏门答腊岛和加里曼丹岛
食物	主要以水果为食，有时也吃树叶和小型动物

成年猩猩的毛色比幼崽更深

独居生活

离开母亲和弟弟妹妹后，猩猩选择独自在森林中生活。即便猩猩被同一棵果树吸引，它们也是各吃各的，不会进行交流。每天晚上，猩猩会将一些树枝折弯搭一个独居的小窝在里面睡觉。

"猩猩被称作森林中的人"

数据与事实

40 年
最长寿命

雌性猩猩有着最长的童年。它们要留在妈妈身边十几年来学习如何成为一个母亲。

时间

| 天 | 73 | 146 | 219 | 292 | 365 |

227~275天（妊娠期）

243~298天（人类）

幼崽

4~5只（一生产崽数量）

| 0 | 2 | 4 | 6 |

15 年
童年期

爱的纽带

母猩猩和小猩猩的情感联系非常紧密。小猩猩有一年的时间紧紧抓着妈妈的腹部，它们吸吮母乳直到4岁。接着还需要至少4年的时间学习如何在雨林中生存。

长而有力的手指便于抓握

长手臂

猩猩的手臂长而强壮，适宜在树上攀爬，在枝条间摆荡。而它们的腿又短又弱，因此它们大多数时间都在树上度过。

长途跋涉的旅者

北美驯鹿

"北美驯鹿能在 -50℃ 的温度下生存"

北美驯鹿为了到达避暑和越冬的地区，结成庞大的群体进行迁移。它们每日行走50千米，能连续行走3个月。每年4月，它们开始向北迁移，到北极苔原度过夏天，并在那里生下小鹿。到了秋季，北美驯鹿又开始南下过冬，寻求有更多树木，能够提供更多庇护的林地。

特征一览

- **体形** 头体长1.2~2.2米，尾长7~21厘米
- **栖所** 苔原和针叶林
- **分布** 北极地区，向南可迁移至美国
- **食物** 桦树和柳树的嫩芽与树叶、草及其他地表植物、苔藓

数据与事实

5 000
千米/年
迁徙距离

群体规模

50 000~500 000只个体

| 0 | 200 000 | 400 000 | 600 000 |

因为栖息地气候寒冷，北美驯鹿需要消耗更多能量来御寒保暖。雌性驯鹿在夏季产崽的时候需要更多的能量。

日消耗热量

60卡/千克体重（冬季和迁徙期）

100卡/千克体重（生育期）

最快速度

温度

13℃（腿部）　　40℃（身体）

| ℃ | 10 | 20 | 30 | 40 | 50 |

37℃（人类）

80
千米/时

最长的
陆地
迁徙距离

彪悍的游泳健将

在迁徙季，北美驯鹿可以游过阻断道路的河流或湖泊。它们硕大的足在冬季硬邦邦的路面上起着雪鞋的作用，在水中则是好用的桨。大多数种类的鹿只有雄鹿才长角，而雌性北美驯鹿也有角。

大耳朵的挖洞高手
聊狐

小个子的聊狐生活在炎热、干旱的撒哈拉沙漠中。它们非常适于沙漠生活，当温度下降到20℃以下，它们就开始打战。在食肉动物中，按照头部比例来说，它们的耳朵是最大的。它们的大耳朵不仅能够捕捉最小型猎物发出的细微声音，还能散热降温。聊狐所需的全部水分都来自它们的食物，它们甚至一生都不需要饮一滴水。

皮毛外套在寒冷的夜晚能帮助保暖

聊狐的巢穴

洞穴不仅保护聊狐免受大型捕食者的猎杀，还能保持凉爽。聊狐在与其他家庭成员的洞穴紧邻或相连的地方挖一个大洞居住。和其他的狐相比，它们具有高度的家庭责任感，通常一岁大的聊狐和家族生活在一个洞穴内，帮助照顾新生的幼崽。它们还将高超的挖洞技能应用在捕猎上，比如用于捕捉啮齿动物和昆虫。它们挖洞速度非常之快，能让自己迅速消失在沙子下面。

特征一览

- **体形**　头体长36～41厘米，尾长18～31厘米
- **栖所**　沙漠
- **分布**　非洲北部和中东
- **食物**　小型动物，如啮齿动物、鸟类和昆虫

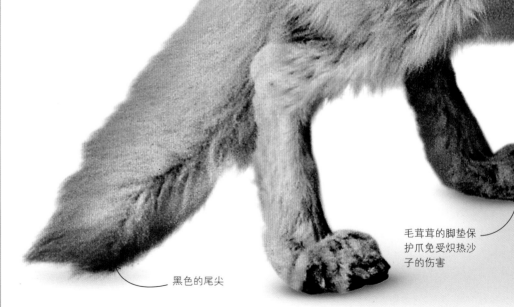

黑色的尾尖

毛茸茸的脚垫保护爪免受炽热沙子的伤害

"耰狐是最小的狐"

大耳朵能帮助散热

快速喘息

耰狐在刚捕捉完猎物时身体会很热，这对于它们来说是很危险的。因此，它们会张开嘴巴，伸出舌头，通过不断喘息蒸发掉水分来散热。它们每分钟能喘息数百次，是已知所有动物中喘息速度最快的。

黑色的条纹从眼睛延伸到吻部

与炎热抗争

在空旷的沙漠中，耰狐浅色的皮毛不仅能提供伪装，还有助于反射炎热的太阳光。耰狐大多在夜晚外出觅食，厚厚的皮毛在沙漠寒冷的夜晚为它们保暖。毛茸茸的脚垫防止它们的足部被炙热的沙子烫伤。

数据与事实

15 年
饲养寿命

耰狐能忍受炎热，更能忍受干渴，因为它们的肾脏适应了干旱缺水的环境，在排出的尿液中只有少量的水分。

温度

℃	10	20	30	40	50

37℃（人类）
38℃
10℃~40℃（外部环境）

声音探测

1.5千米（听到一只老鼠的动静）

千米	0.5	1	1.5	2

小于0.1千米（人类对声音的探测力）

跳跃

70厘米（高度）

厘米	25	50	75	100	125

120厘米（长度）

每分钟呼吸次数
690 次

唯一的幸存者
普氏野马

普氏野马作为仅存的野生马，一直栖居在中亚最北边的平原上。它们之所以能在如此艰苦的环境中生存下来，是因为它们能消化其他食草动物所不能消化的纤维粗糙且坚硬的草，并能吸收其中的营养成分。

强有力的后肢是力量的源泉

和其他食草动物相比，脊椎更为突出

尾根部的毛较短，越靠下的越长

肠子后部巨大的囊腔里有很多微生物能分解草

膝关节

最珍贵的野生马

甩尾

在昆虫滋扰、天气炎热的夏季，普氏野马常常以头尾互为相反方向的方式站在一起，用彼此的尾巴当蚊蝇拍。这种方式还有一个好处：可以防范来自不同方向的敌人，这样它们能更放松地休息。

腓骨（小腿双骨之一）短而薄

特征一览

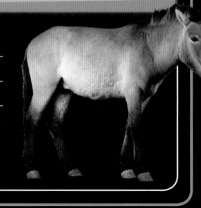

体形	肩高1.2～1.5米
栖所	草原
分布	中亚
食物	主要以草为食，有时也吃其他低矮的植物

蹄子只有一个足趾

食草动物的秘密武器

食草动物的肠道内有许多微生物帮助消化植物纤维。马整天都在吃草，草经过咀嚼进入肠道，肠道内的微生物有足够的时间将草进行分解。

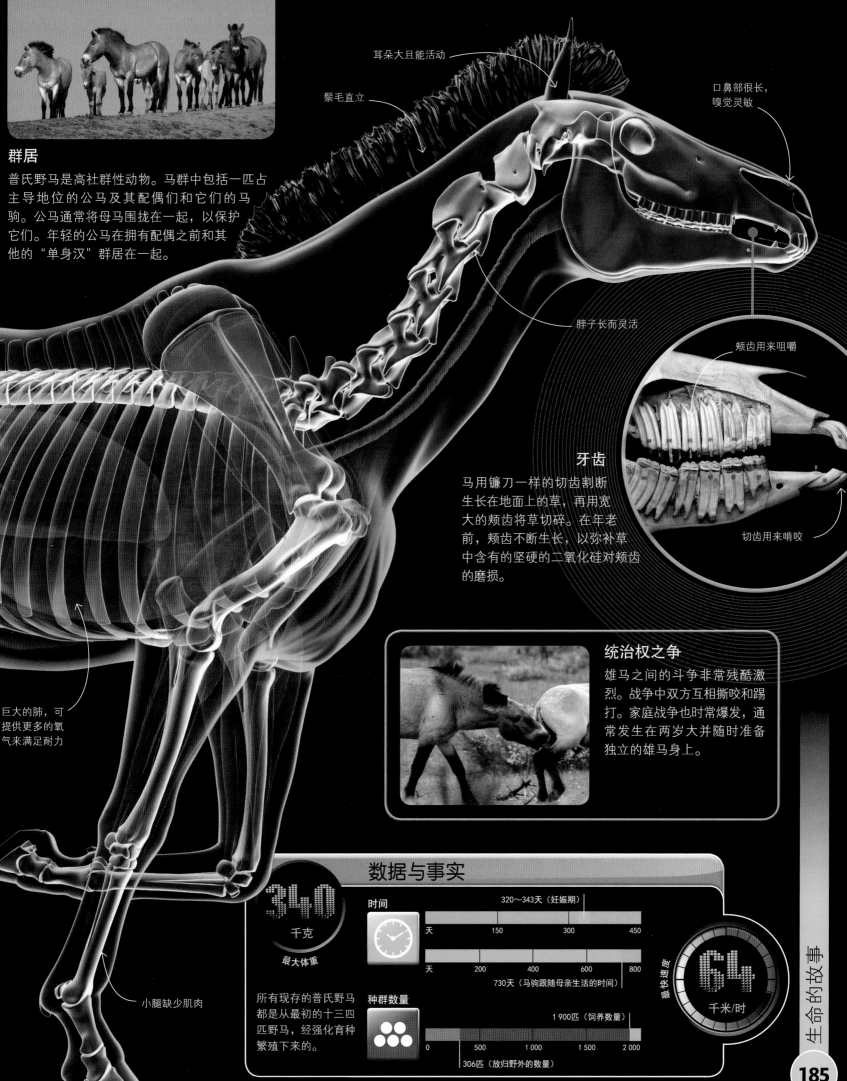

群居

普氏野马是高社群性动物。马群中包括一匹占主导地位的公马及其配偶们和它们的马驹。公马通常将母马围拢在一起，以保护它们。年轻的公马在拥有配偶之前和其他的"单身汉"群居在一起。

耳朵大且能活动

鬃毛直立

口鼻部很长，嗅觉灵敏

脖子长而灵活

颊齿用来咀嚼

牙齿

马用镰刀一样的切齿割断生长在地面上的草，再用宽大的颊齿将草切碎。在年老前，颊齿不断生长，以弥补草中含有的坚硬的二氧化硅对颊齿的磨损。

切齿用来啃咬

巨大的肺，可提供更多的氧气来满足耐力

统治权之争

雄马之间的斗争非常残酷激烈。战争中双方互相撕咬和踢打。家庭战争也时常爆发，通常发生在两岁大并随时准备独立的雄马身上。

小腿缺少肌肉

数据与事实

340 千克 最大体重

所有现存的普氏野马都是从最初的十三四匹野马，经强化育种繁殖下来的。

时间

天	150	300	450

320～343天（妊娠期）

天	200	400	600	800

730天（马驹跟随母亲生活的时间）

种群数量

1 900匹（饲养数量）

0	500	1 000	1 500	2 000

306匹（放归野外的数量）

最快速度 **64 千米/时**

最贪睡的松鼠
高山旱獭

想象一下，一年中的大半年时间都用来睡觉会是什么样子。然而这正是高山旱獭——一种地栖松鼠的生活。对于以纤柔嫩芽为食物的植食者来说，在寒冷漫长、食物匮乏的冬季，睡眠则是最好的选择。疯狂的夏季过后，家庭给养和身体脂肪得以储存。每年10月，高山旱獭就会退居洞穴开始休眠，直到下一个春天到来才会再次露面。

最长的
冬眠期

特征一览

● **体形**	头体长40～55厘米，尾长13～15厘米
● **栖所**	高山草甸
● **分布**	欧洲阿尔卑斯山，近缘物种生活在欧洲、亚洲和北美洲的山区
● **食物**	草和其他低矮植物、谷物，有时也吃昆虫和蠕虫

总有一只高山旱獭负责站岗放哨

"成年高山旱獭要**增重**到**7千克**才能度过**冬眠期**"

搏斗方式

高山旱獭家族内部时不时地会来一场小争斗，这种争斗有时甚至会在玩耍时爆发。小旱獭们站直身体，互相拳击，或在地上摔跤。

数据与事实

3 200 米
栖息的最高海拔

高山旱獭在冬眠期依靠身体内的脂肪生存，并通过减少一些身体功能来节省能量。只有体内存有足够的脂肪，它们才能安然度过冬天。

最长冬眠时间

9 个月

体温

℃	10	20	30	40	50

10℃～35℃　　37℃（人类）

呼吸

1～3次/分钟（冬眠期）

100～150次/分钟（活动时和休息时）

心跳

每分钟心跳次数　　5次（冬眠时）　　1分钟

每分钟心跳次数　　130～160次（醒着时）　　1分钟

相互偎依

高山旱獭一胎可生7只幼崽。旱獭幼崽在妈妈的乳汁喂养一个多月后就爬出巢穴开始吃植物。吃这件事情对小旱獭来说格外重要，它们需要堆积足够的脂肪来应付漫长的冬眠期。整个家族成员聚集在一起抱团冬眠，它们互相依偎着，给小旱獭更多的生存机会来度过寒冬。

小旱獭在两岁前和家族成员一起生活

守卫领地

高山旱獭以家族群居，每群包括若干雌性和后代，以及一个占主导地位的雄性。雄性高山旱獭提防着每个可能闯入它领地的其他雄性。

厚厚的皮毛可抵御寒风

酷爸爸

帝企鹅

这种世界上体形最大的企鹅为了供养家庭会付出很多。帝企鹅夫妇在冬天开始之际要步行到南极大陆的繁殖地点，在那里进行繁殖。这场旅行的最远行程达到200千米。当温度降低到它们所能承受的最低点时，雄性帝企鹅团抱成团聚集在一起，每只雄性负责孵化一枚卵。与此同时，雌性帝企鹅要回到大海中觅食，留下雄性独自当保育员。

明黄色耳斑

下喙呈粉橙色

体形	体长112～115厘米
栖所	结冰的海岸线和近海区，在内陆繁殖
分布	南极
食物	主要以鱼类和乌贼为食

晚餐：漫长的等待

南极的冬季气候恶劣，气温最低可达-60℃，黑夜连绵不绝。在雌性返回，用反刍出来的鱼喂给雄性和它们新生的小企鹅之前，雄性企鹅只能等待。如果雌性企鹅迟迟不归，雄性会从食道分泌特殊的固体物质来喂小企鹅，以应对紧急状态。

最雷厉风行的父亲

集体拥抱

雄性帝企鹅连续数月都要忍受南极冬季呼啸的狂风。为了御寒，它们低下头，将身体紧挨在一起。

群体外围的企鹅缓慢地向群体中心移动。用这种方式，每一只企鹅都能轮流在待在团队中心取暖。

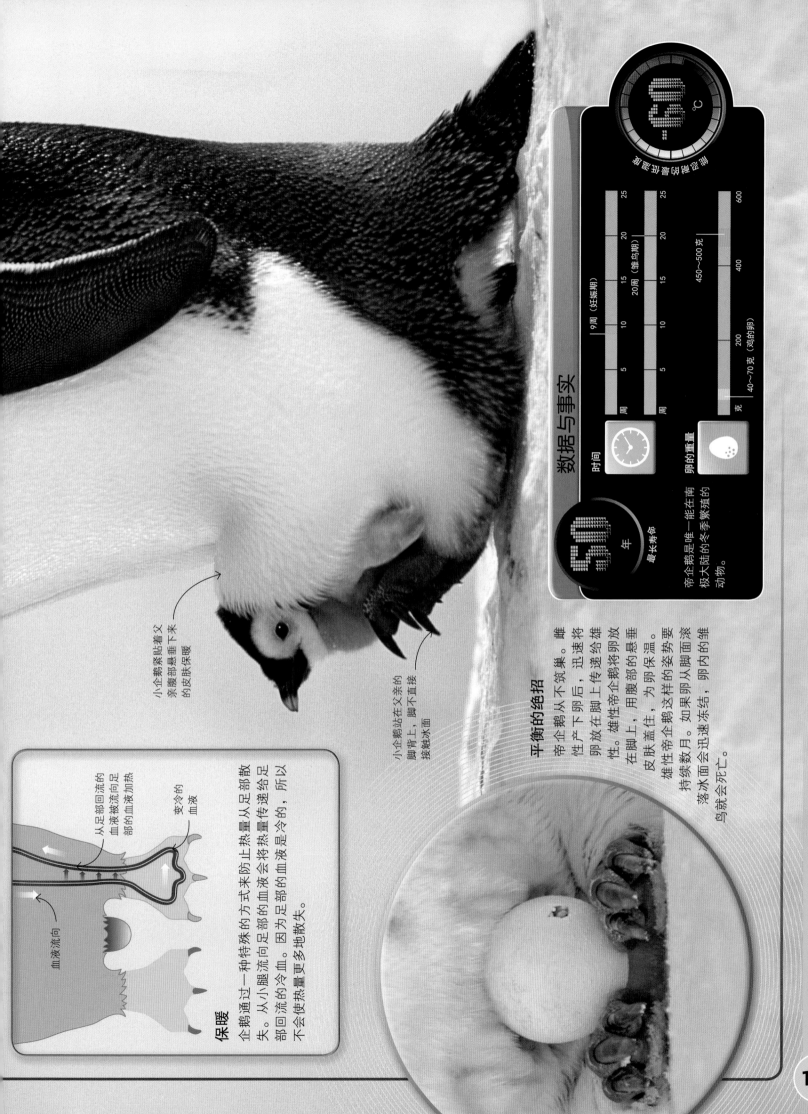

数据与事实

时间

50 年
最长寿命

9周（妊娠期）

周 | 5 | 10 | 15 | 20 | 25

20周（雏鸟期）

周 | 5 | 10 | 15 | 20 | 25

卵的重量

450～500克

克 | 200 | 400 | 600

40～70克（鸡的卵）

帝企鹅是唯一能在南极大陆的冬季繁殖的动物。

保暖

企鹅通过一种特殊的方式来防止热量从足部散失。从小腿回流的足部的血液向足部的冷血，因为足部的血液是冷的，所以不会使热量更多地散失。

血液流向

从足部回流的血液被流向足部的冷血

变冷的血液

从足部回流的血液将热量加热给足部冷流向的血液

小企鹅紧贴着父亲腹部悬垂下来的皮肤保暖

小企鹅站在父亲的脚背上，脚不直接接触冰面

平衡的绝招

帝企鹅从不筑巢。雌性产下卵后，迅速将卵放在脚上传递给雄性。雄性帝企鹅将卵放在脚上，用腹部的悬垂皮肤盖住，为卵保温。雄性帝企鹅这样的姿势要持续数月。如果帝企鹅脚面滚落冰面会迅速冻结，卵内的雏鸟就会死亡。

空中捕食者

北极燕鸥是优雅的海上杂技演员。
它们拥有修长的双翼和叉状的尾。
它们在空中盘旋寻找猎物，找准目
标俯冲下去击中猎物。有时，燕鸥
也会偷取其他海鸟的食物。

不可思议的旅程

北极燕鸥

没有任何动物能比得过北极燕鸥的迁徙距离。它们每年都要从北极飞往南极再返回，一生中的飞行里程可超过240万千米。北极燕鸥在北极繁殖，在南极休憩，它们长途跋涉，度过南北两个夏季，以获得足够的食物。

特征一览

- **体形** 体长33～36厘米
- **栖所** 沿海地区，在苔原、海滨和草原营巢，不繁殖时在开阔海域生活
- **分布** 繁殖时大多在北极圈，不繁殖时迁徙至南极
- **食物** 主要以小型鱼类和无脊椎动物为食

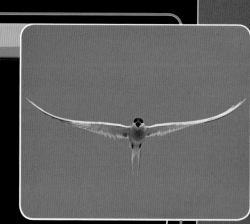

数据与事实

34 年
最长寿命

迁徙时间

93天（北极至南极）

40天（南极至北极）

北极燕鸥靠海生存，正因为如此，它们才能进行如此长距离的迁徙。在返回北极时，因为借助气流，所以回程速度更快。

翼

76～85厘米（翼展）

厘米　　25　　50　　75　　100

每分钟振翅次数　250次（盘旋时）　1分钟

日消耗热量

0.48～1.36卡/克体重

0.026卡/克体重（人类）

迁徙距离

70 900 千米/年

"北极**燕鸥**能比**其他**动物看到**更多**的**白天**"

结群更安全

每对小红鹳只产一枚卵，几天后就能孵化出雏鸟。刚出生的雏鸟，身体就强壮到可以离开巢穴，和其他雏鸟一起待在一个大规模的托幼所中，到喂食时间它们才会回到父母身边。

最大的托幼所

小红鹳

小红鹳以超级大群聚集在碱水湖的浅水区繁殖。碱水湖的碳酸钠含量很高，容易灼伤皮肤，但同时也能阻止捕食者。刚孵出的雏鸟必须被带到淡水区，几只成年的小红鹳将所有不会飞的雏鸟聚集在一起，组成一个大型托幼所，然后带领它们步行穿过被太阳暴晒而裂开的土地，去往数千米以外的目的地。

特征一览

- **体形** 体长80~90厘米
- **栖所** 碱水湖和沿海环礁湖
- **分布** 非洲和印度西北部
- **食物** 主要以蓝绿藻为食

身体的粉色来自食物中的色素

数据与事实

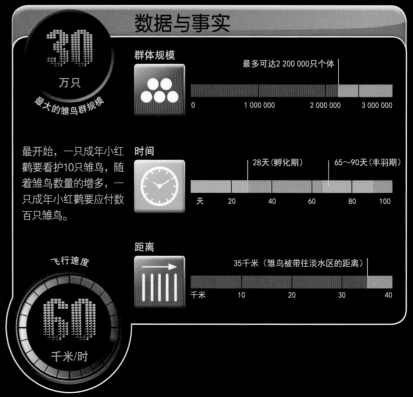

30 万只
最大的雏鸟群规模

群体规模
最多可达2 200 000只个体

| 0 | 1 000 000 | 2 000 000 | 3 000 000 |

最开始，一只成年小红鹳要看护10只雏鸟，随着雏鸟数量的增多，一只成年小红鹳要应付数百只雏鸟。

时间

28天（孵化期） 65~90天（丰羽期）

| 天 | 20 | 40 | 60 | 80 | 100 |

距离

35千米（雏鸟被带往淡水区的距离）

| 千米 | 10 | 20 | 30 | 40 |

飞行速度

60 千米/时

"这种鸟通过**压缩**内脏器官来给**脂肪和肌肉**腾出地方"

马拉松飞行员

斑尾塍鹬

很多鸟都能长距离迁徙，但斑尾塍鹬却创造了最为宏伟的旅程。斑尾塍鹬在欧洲和亚洲繁殖，沿着海岸线横跨大陆迁徙到非洲和亚洲南部。在美国阿拉斯加繁殖的斑尾塍鹬经过一个多星期不停歇飞行，穿越太平洋到达澳大利亚和新西兰。还没有其他任何动物能在不休息的情况下飞越如此远的距离。

特征一览

- **体形** 体长37～41厘米
- **栖所** 苔原、湿地、海岸线和牧场
- **分布** 欧洲、亚洲、非洲以及澳大利亚和美国阿拉斯加，在北极附近繁殖
- **食物** 昆虫、蠕虫、软体动物、种子和浆果

数据与事实

11 680
千米

不停歇飞行的最长距离

迁徙距离

	11 680千米（8天内）
7 008千米（5天内）	
千米 4 000 8 000 12 000 16 000	

斑尾塍鹬不停歇地横跨太平洋或许很难，但也有好处：比起沿着海岸线飞行，距离要短得多，且遇到的捕食者也更少。

体重

450～515克（迁徙开始时）

180～245克（迁徙结束时）

翼展

70～80厘米

厘米 20 40 60 80 100

最佳状态

斑尾塍鹬的万里长征需要耐力和足够的能量。这些鸟在阿拉斯加沿海的潮泥滩上储存肌肉和身体脂肪，以确保在起飞之际身体达到最佳状态。

平均飞行速度

56

千米/时

最长寿的动物
亚达伯拉象龟

龟的生活始终是慢吞吞的，它们能这样一直生活很久。这些来自印度洋亚达伯拉的海岛巨龟，是笨重的植食者，最长寿的亚达伯拉象龟能活200多岁。一只雄性亚达伯拉象龟从1875年来到动物园到2006年去世，活了至少130岁，它可能早在1750年就出生了。

角质骨板覆盖在骨质外壳上

头部小而圆

用喙咀嚼

亚达伯拉象龟没有牙齿，而是用锋利的有角质边缘的喙来磨碎植物。喙能割下草和其他贴近地面的低矮植物，它们是亚达伯拉岛体形最大和最重要的植食者。

强壮的颌能咀嚼粗糙坚硬的植物

柔韧的脖颈能将头部缩回壳中

伸出

亚达伯拉象龟有长长的脖颈，能帮助它们够到更多多汁的树叶。一些象龟的壳前端向下弯曲，便于它们钻进矮树里面。亚达伯拉象龟能用鼻孔从浅水坑中喝水。

特征一览

- **体形** 雄性体长可达1.2米，雌性可达0.9米
- **栖所** 时常在开阔的草原进食，喜爱在植物的浓荫下休息
- **分布** 塞舌尔群岛的亚达伯拉岛
- **食物** 草、树叶、植物根茎，有时也吃腐肉

"它们将小树撞倒以摘取鲜嫩的树叶"

肺在身体肌肉收缩
的带动下能移入和
移出，肋骨是壳的
一部分不能移动

肠道完成
消化过程

数据与事实

360
千克
最大体重

塞舌尔群岛的4种体
形巨大的陆龟，现在
仅有亚达伯拉象龟
在野外尚未灭绝。

生长速度

100千克　200～250千克（最大体形）

年　　　　　　25　　　　　　50

卵

4～25枚（每次孵化的数量）

0　5　10　15　20　25　30

255
年
推算最长寿命

肾脏过滤血液
中的废物，并
将其转化为尿
液排出

年轮

龟壳的外表层覆盖着有纹路的角质板，
形成了坚硬的具有保护性的外壳。随着
象龟的生长，这些骨板会逐渐增大，形
成一环一环的图案，这些
年轮见证了那些生
长的岁月。

短尾

坚硬的植物纤维存储
在胃中，通过消化液
进行消化

下雨时在膀胱中
储存大量的水

鳞状皮肤

每只足都有
带爪的足趾

生命的故事

产卵最多
的动物

"一条雌性翻车鱼产下的卵和全美国的人口一样多"

亿万儿女

翻车鱼

初次看到翻车鱼感觉它很奇怪： 它只有一个硕大的头，没有明显的身体和尾。它的背鳍和腹鳍在尾部合并，形成一条带有褶边的"桨"，取代了尾鳍。体形庞大的翻车鱼脊柱的骨骼却很少，形成了独特的矮墩墩的体形。尽管它是最重的硬骨鱼，但它的骨骼是由轻质的软骨构成的，就像鲨鱼一样。雌性翻车鱼能产下数量巨大的微小的卵，比其他任何脊椎动物产的卵都要多，但是只有少数卵能成活长大。

特征一览

- **体形** 体长可达3.3米，体重最高可达2吨
- **栖所** 温暖海域
- **分布** 全世界
- **食物** 主要以水母为食，偶尔也吃乌贼、海绵、小型鱼类和甲壳动物

数据与事实

10 年
饲养寿命

有着厚厚皮肤的翻车鱼生长很快。它们在白天潜入深海寻找猎物。

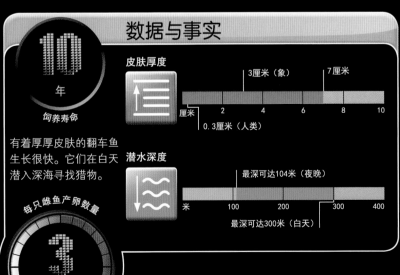

皮肤厚度

3厘米（象）　　7厘米

厘米　　2　　4　　6　　8　　10

0.3厘米（人类）

潜水深度

最深可达104米（夜晚）

米　　100　　200　　300　　400

最深可达300米（白天）

3 亿粒
每只雌鱼产卵数量

脊椎短小，爱日光浴

翻车鱼的名字恰如其分：它常常侧翻身体在海面上漂浮着。和硕大的身体相比，它的脑很小，脊髓仅长3厘米，按照身体比例来说，这个长度是所有动物中最短的。

炎热的家
庞贝蠕虫

这种深海蠕虫群居生活在海底冒着滚烫热液的"烟囱"外壁上。在那里,热液不断地从地壳中喷涌而出,生活在附近的动物必须设法生存,否则就会死去。庞贝蠕虫则能忍受这样的高温,它的名字来自于在火山喷发中毁灭的古罗马城市的名称。蠕虫用分泌的矿物质在"烟囱"的岩基上堆起一条细长的管子蛰居其中,它们将尾部贴近炽热的岩石,将头伸出来呼吸,它们会游到附近水温较低的海域觅食。

特征一览

- **体形** 长10厘米,直径小于1厘米
- **栖所** 海底的热液喷口
- **分布** 东太平洋
- **食物** 生活在它身体毛发中的细菌

数据与事实

2-3 千米
栖息水下深度

庞贝蠕虫居住的含有矿物质的管子由角蛋白构成,这种坚硬的物质能够增强人类皮肤的韧性,而庞贝蠕虫的角蛋白则耐热性更强。

聚集成群的时间

2 个月

蠕虫管子周围的水温
6℃～45℃
℃ 10 20 30 40 50

蠕虫管子内的温度
14℃(头部)
℃ 20 40 60 80 100
84℃(尾部)

蠕虫管子下岩石的温度
40℃～175℃
℃ 40 80 120 160 200

"庞贝蠕虫的**尾部**接触的岩石温度几乎可达**沸点**"

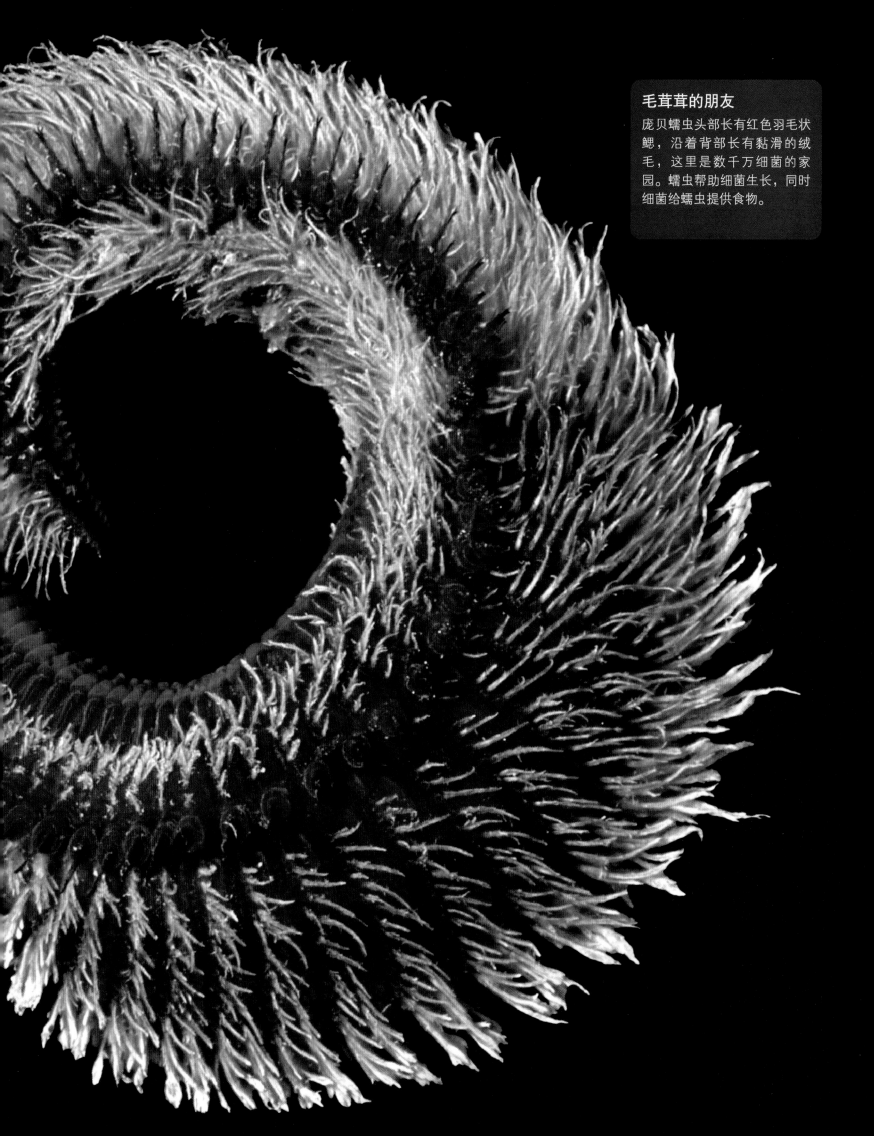

毛茸茸的朋友

庞贝蠕虫头部长有红色羽毛状鳃，沿着背部长有黏滑的绒毛，这里是数千万细菌的家园。蠕虫帮助细菌生长，同时细菌给蠕虫提供食物。

太空旅行家
水熊虫

即便最大的缓步动物，其长度也很难超过1毫米，但这些微小的无脊椎动物能在一些极端条件下生存。2007年，欧洲航天局将一些缓步动物送入太空，看它们在高寒气温下以及太阳风暴中能否存活。难以置信的是，它们能！

特征一览

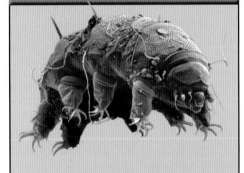

体形	体长0.05~1.2毫米
栖所	苔藓、潮湿泥土和水草的水膜中
分布	全世界范围
食物	微生物、植物和其他微小动物

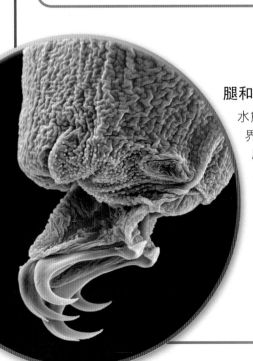

腿和爪

水熊虫在它们的小世界里依靠4对短足来爬行，足的末端有爪子或黏性吸盘，能紧紧依附在各种物体的表面上，甚至能在冰面行走。

短粗的腿

隐生现象

水熊虫的身体会自动脱水缩成圆筒形，这种情况叫隐生现象，可以帮助水熊虫在极端条件下存活很多年。它的头和身体向内收缩，腿消失不见，但它们的生命进程仍在继续。

终极生存者

数据与事实

100 年
隐生状态下的寿命

当水熊虫进入隐生状态后，身体失水率可达90%多，同时身体的各项机能也减缓到活跃期的万分之一。

温度

°C	-150	0	150	300

-272℃~151℃（隐生状态）

辐射

570 000（可致死一个缓步动物）
500（可致死一个人）

辐射单位	200 000	400 000	600 000

身体含水量

3%（隐生状态）

85%（活跃时）

在太空中存活时间
10 天

星形卵

水熊虫卵的外表有一个精美的硬质外壳，可以保护它们免于脱水。在外壳的保护下，即便数月处于干燥的环境中，卵仍能孵化出来。雌性水熊虫一次能产下30粒卵。

"水熊虫能在 -200℃的环境下生存"

笨拙的水熊虫

这些动物生活在潮湿的薄薄的水膜中，因为笨拙的外形而得名。它们的身体被坚硬的皮肤保护着，随着生长会不断蜕皮。当栖息的环境异常干燥时，它们便蛰伏起来，一旦有水它们便可复苏。

"这些小型
蜘蛛生活在
珠穆朗玛峰的
山坡上"

天赋神眼

跳蛛是所有蜘蛛中视力最佳
的，位于头部前方的眼睛能帮
助它们判断距离，这对于生活
在食物稀缺地方的它们来说，
是至关重要的。

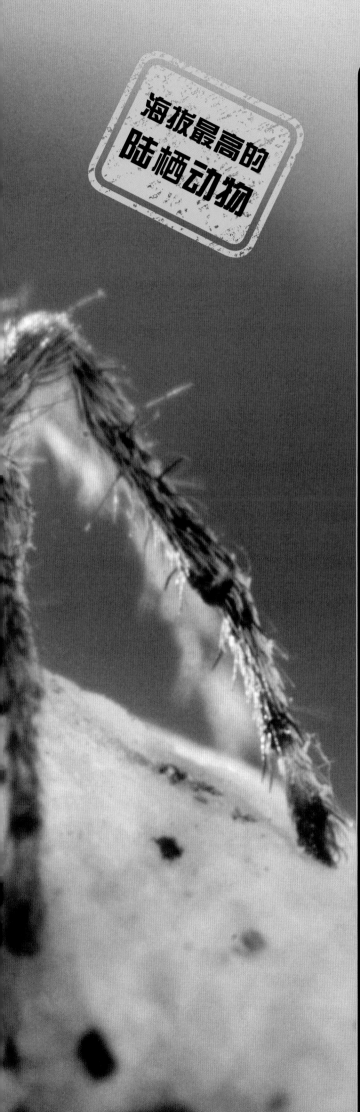

在世界之巅

喜马拉雅跳蛛

在山脉顶峰生存异常艰辛。有些动物可能偶尔会到白雪皑皑的寒冷顶峰一游，但这些微小的喜马拉雅跳蛛却一直在那里生活。它们隐藏在岩石的缝隙中，捕食那些被山风吹来的以植物为食的昆虫。

特征一览

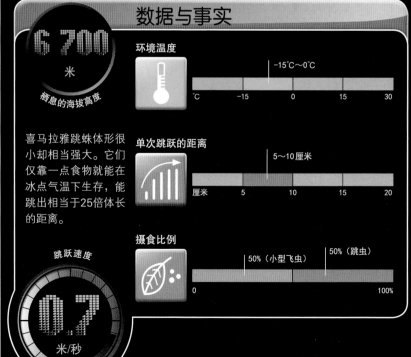

- **体形**　体长3～4毫米
- **栖所**　隐藏在6 700米高的山脉岩石缝中
- **分布**　喜马拉雅山
- **食物**　小型昆虫

数据与事实

6 700
米
栖息的海拔高度

喜马拉雅跳蛛体形很小却相当强大。它们仅靠一点食物就能在冰点气温下生存，能跳出相当于25倍体长的距离。

环境温度

℃	−15	0	15	30

−15℃～0℃

单次跳跃的距离

厘米	5	10	15	20

5～10厘米

摄食比例

0			100%

50%（小型飞虫）　　50%（跳虫）

跳跃速度

07
米/秒

"17年隐居地下只为4周的地上生活"

最壮观的同步登场

大规模登场
周期蝉

在北美洲春天的某个清晨， 空中或许会突然出现成群的刚刚破土而出的叫作周期蝉（又称十七年蝉）的大型昆虫。这种情况发生在气温开始回升的时候，每13年或17年出现一次。这些没有翅膀的若虫一直生活在地下，以植物的根为食。当它们最终见到光明之时，便开始蜕皮、展开翅膀，雄性不断歌唱吸引配偶。在短短几个星期的时间内，它们交配、产卵，接着死去。

特征一览

- **体形** 根据种类的不同，成体体长2.5～3.5厘米不等
- **栖所** 林地、城镇、花园；若虫生活在地下
- **分布** 北美洲东部
- **食物** 植物汁液

数据与事实

15 000
只/平方千米
破土而出的蝉的数量

温度

17℃（若虫破土而出时的气温）

℃　5　10　15　20　25　30

5℃～25℃（美国东部春季土壤温度）

雄蝉发出的震耳欲聋的鸣叫声有时听起来像割草机的轰鸣声，能吸引同种的雌性。

叫声音量

100分贝（雄蝉鸣叫声）

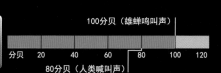

分贝　20　40　60　80　100　120

80分贝（人类喊叫声）

卵

每次产卵20粒

总共产卵600粒

地下生活的时间

17 年

以数量取胜

数以千计的周期蝉同时出现的优势在于：在数量上压倒潜在的敌人。虽然食虫者会抢食饱餐，但仍有大量的蝉能活下来寻觅配偶并繁殖。接着开始下一个漫长而隐秘的生命轮回。

生命的故事

大厦建筑师

非洲白蚁

白蚁是昆虫世界最伟大的建筑师。每个大蚁家居住着一个大家族：蚁后和它的雄蚁所诞下的白蚁。蚁家内的后代各司其职，有着巨大下颚的兵蚁专门负责抵御入侵者，还有专门负责用泥土筑造蚁家、觅食和照料蚁后及幼虫的工蚁。

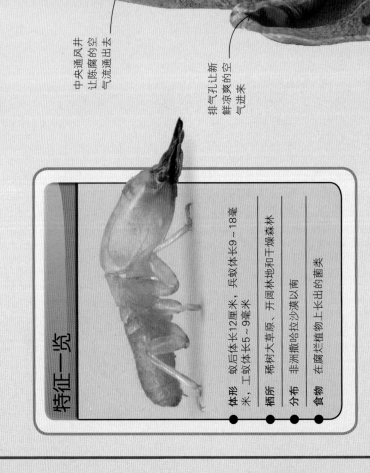

自然空调

蚁家有一套复杂的通风系统，可以保持内部温度的稳定。蚁家内温度变化不大，仅在上下几度内浮动。清新的空气被吸入蚁家，可以保持蚁家内的凉爽。

排气孔让新鲜凉爽的空气流通出去

中央通风井让陈腐的空气流通出去

工蚁筑造黏土墙

数据与事实

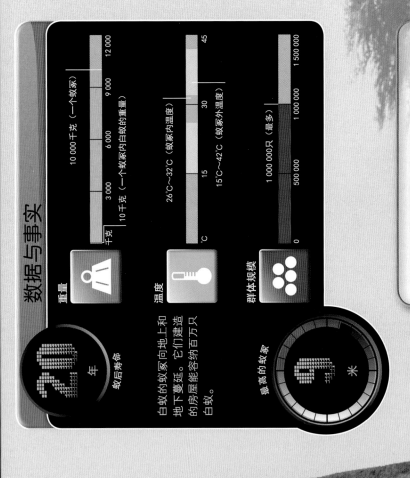

重量

千克 | 3 000 | 6 000 | 9 000 | 12 000
10千克（一个蚁家内白蚁的重量） 10 000千克（一个蚁家）

温度

℃ | 15 | 30 | 45
26℃～32℃（蚁家内温度）
15℃～42℃（蚁家外温度）

群体规模

0 | 500 000 | 1 000 000 | 1 500 000
1 000 000只（最多）

20 年 蚁后寿命

9 米 最高的蚁家

白蚁的蚁家向地上和地下蔓延。它们建造的房屋能容纳百万只白蚁。

菌类花园

白蚁吃木头却无法消化。它们排出的含木浆的排泄物会长出菌类，菌类吸收木浆中的营养物质，再被白蚁当作食物吃掉。

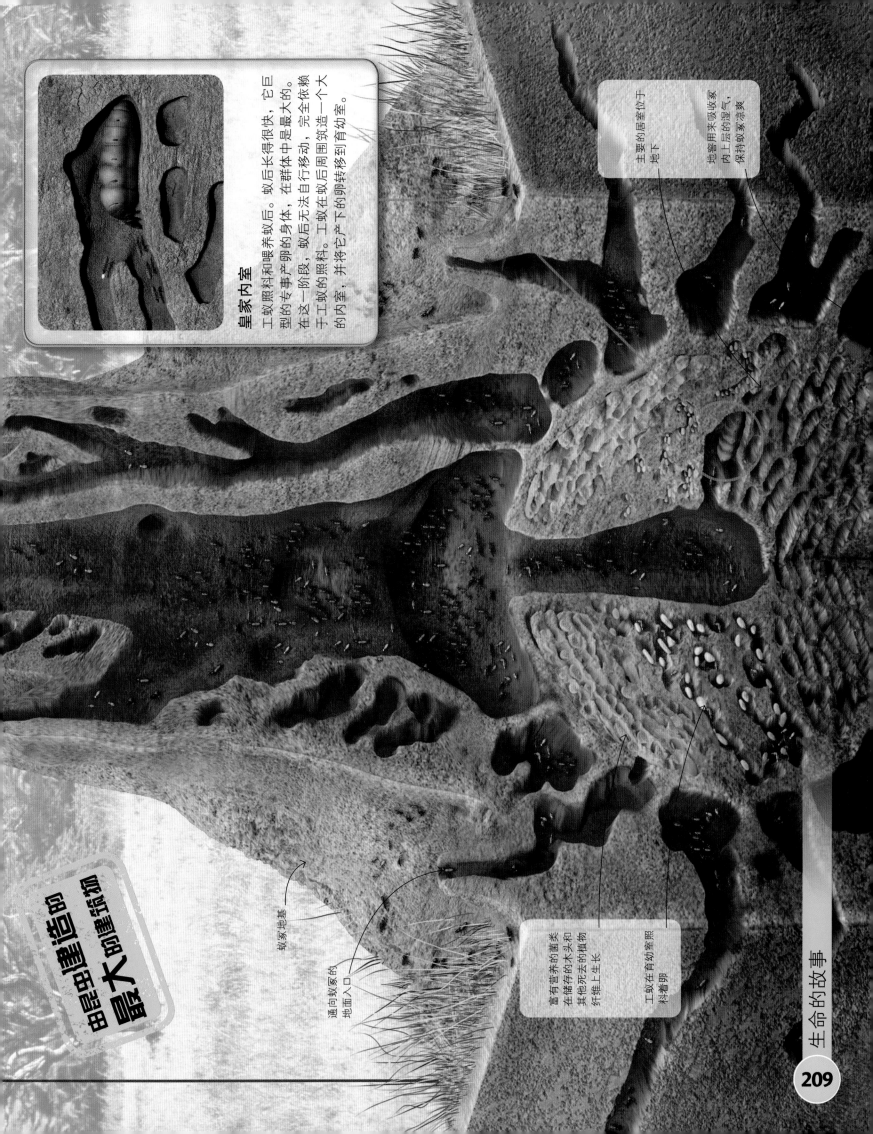

由昆虫建造的最大的建筑场

皇家内室

工蚁照料和喂养蚁后。蚁后长得很快，它已成事专事产卵的专型的身体。在群体中是最大的。在这一阶段，蚁后无法自行移动，完全依赖于工蚁的照料。工蚁在蚁后周围筑造一个大的内室，并将它产下的卵转移到育幼室。

蚁家地基

通向蚁家的地面入口

富有营养的菌类在储存有的木头和其他死去的植物纤维上生长

工蚁在育幼室照料着卵

主要的居室位于地下

地窖用来吸收家内上层的湿气，保持蚁家凉爽

"幼虫即便被**叮咬**过也不会对它造成**实质性的伤害**"

流质午餐

成年吸血鬼蚁不能吃固体食物，因为它们的腰过于纤细，无法让食物通过，但它们的幼虫可以。其他种类蚁的幼虫会反刍液体喂食成蚁。因为吸血鬼蚁的幼虫无法这样做，所以成蚁吸食幼虫的鲜血作为食物。

吸血保姆

吸血鬼蚁

身为吸血鬼蚁的幼虫是万幸与不幸的结合体。和其他的蚁一样，这些幼虫在巢中孵化，被一群工蚁照料着。工蚁保持巢穴清洁，喂养着幼虫和蚁后，蚁后是所有幼虫的母亲。但是，当工蚁感到饥饿时，局面就扭转了，它们会刺破幼虫薄薄的皮肤吸吮它们的血液。

特征一览

- **体形** 工蚁平均体长3毫米
- **栖所** 热带雨林和干燥森林的腐烂的原木中
- **分布** 马达加斯加岛
- **食物** 幼虫以工蚁捕捉的昆虫为食，工蚁吸吮幼虫的血液

数据与事实

95 %

被吸食血液的幼虫比例

工蚁长有刺杀昆虫猎物的刺。它们将食物带回地下蚁冢喂食幼虫，幼虫才能为它们提供更多血液。

群体规模

1 000～5 000只（雌性工蚁）

0	2 000	4 000	6 000

1 000～5 000只（雄性工蚁）

0	2 000	4 000	6 000

1 000～3 000只（幼虫）

0	2 000	4 000	6 000

5～10只（蚁后）

0	2 000	4 000	6 000

摄食比例

10%（小型昆虫和它们的幼虫）

0	90%（蜈蚣）	100%

吃掉一条蜈蚣所需的时间

24 小时

快速生长
水蚤

水蚤的数量可以成倍地迅速增长。雌性能迅速繁殖，因为它们不需要等待雄性授精。在几天之内，一个平静的池塘中就会密布着数以万计的这种微小的甲壳动物。

数据与事实

2
个月
饲养寿命

水蚤的繁殖速度非常快，在一个月内同一空间，它们的数量能达到原来的10倍。

时间

1天（卵孵化时间）	5~10天（幼虫发育成熟）

3天（幼虫离开育儿室的时间）

天　　5　　10　　15

数量增长

| 100只（1天） | 150只（10天） | 300只（20天） | 1 000只（30天） |

天　　10　　20　　30

最多的产卵数量
100
粒

桨状的触角用来游泳

大眼睛

特征一览

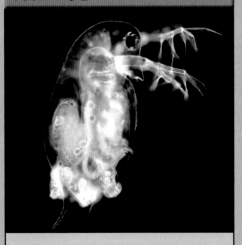

体形	体长0.2~1.8毫米
栖所	主要生活在淡水，偶尔生活在海洋
分布	全世界范围
食物	微生物、岩屑，有时也吃其他小型动物

> "雌水蚤随身携带装满**卵**的育儿囊"

在育儿囊中的卵

冬季幸存者
水蚤的外壳是透明的，因此你能看见它们塞满海藻的肠子（绿色）以及雌性装满卵的育儿囊。在秋末，雌性和雄性交配产下具有坚硬外壳的"冬卵"，卵能度过寒冷干燥的冬季。

女性的力量
轮虫

轮虫生活在母系氏族社会。 这些微小的水生动物虽然数量庞大，但是族群中几乎没有雄性存在，而雌性轮虫可以通过产下不需受精，可直接发育为成虫的卵而繁殖。少数种类的轮虫具有两性个体，但雄性体形小，且不能进食，仅仅能活到为卵授精。

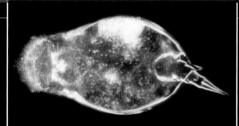

特征一览

- **体形** 体长0.05~2毫米
- **栖所** 多数生活在淡水，有些生活在土壤或海洋中
- **分布** 全世界范围
- **食物** 微生物和碎屑

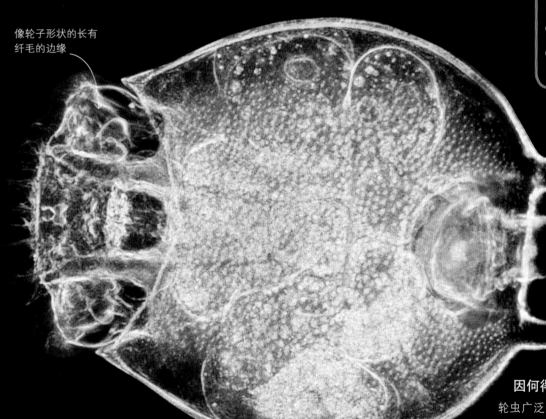

像轮子形状的长有纤毛的边缘

足有时用来附着在物体表面

因何得名

轮虫广泛分布于各种淡水环境中，它们因身体前端有纤毛，形似转轮而得名。这种"轮状器官"用来收集食物，有些种类以此来游泳。

数据与事实

10倍
雌性大小是雄性的倍数

一只雌性轮虫和它的后代在没有雄性的情况下能产下数千只幼虫。

大小

毫米	1	2毫米 2	3

数量

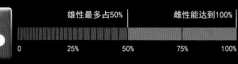

雄性最多占50%　　雌性能达到100%

| 0 | 25% | 50% | 75% | 100% |

40代
每年能产生的世代数

雌性占大多数的群体

最无私的超人妈妈
章鱼

雌性章鱼的体形在繁殖前会变得无比巨大，以此来保护幼体。交配后不久，雄性就会死去，只剩下雌性独自抚育后代。在产下多达50万粒卵后，雌性章鱼为了照顾后代放弃捕食。一个月后卵成功孵化，这时雌性已变得格外虚弱，很容易就会被捕食者杀死。

"饥饿的母亲可能会**吃掉**自己的**腕"**

守卫卵

在水下洞穴产下卵后，雌性章鱼为保护卵免受捕食者伤害而开始挨饿。它们保持卵的洁净，用漏斗状的体管将海水喷洒在卵上，为其提供氧气。

一窝卵

囊状的身体称为外套腔

吸盘

章鱼有8条腕，每条腕上都有两排圆形的吸盘，用来抓住海底岩石和捕捉猎物。这些吸盘还具有嗅觉和味觉。

特征一览

- ● **体形**　根据种类的不同，腕展 0.5~4米不等
- ● **栖所**　海洋
- ● **分布**　全世界范围
- ● **食物**　蟹、软体动物和鱼类

8条长长的腕

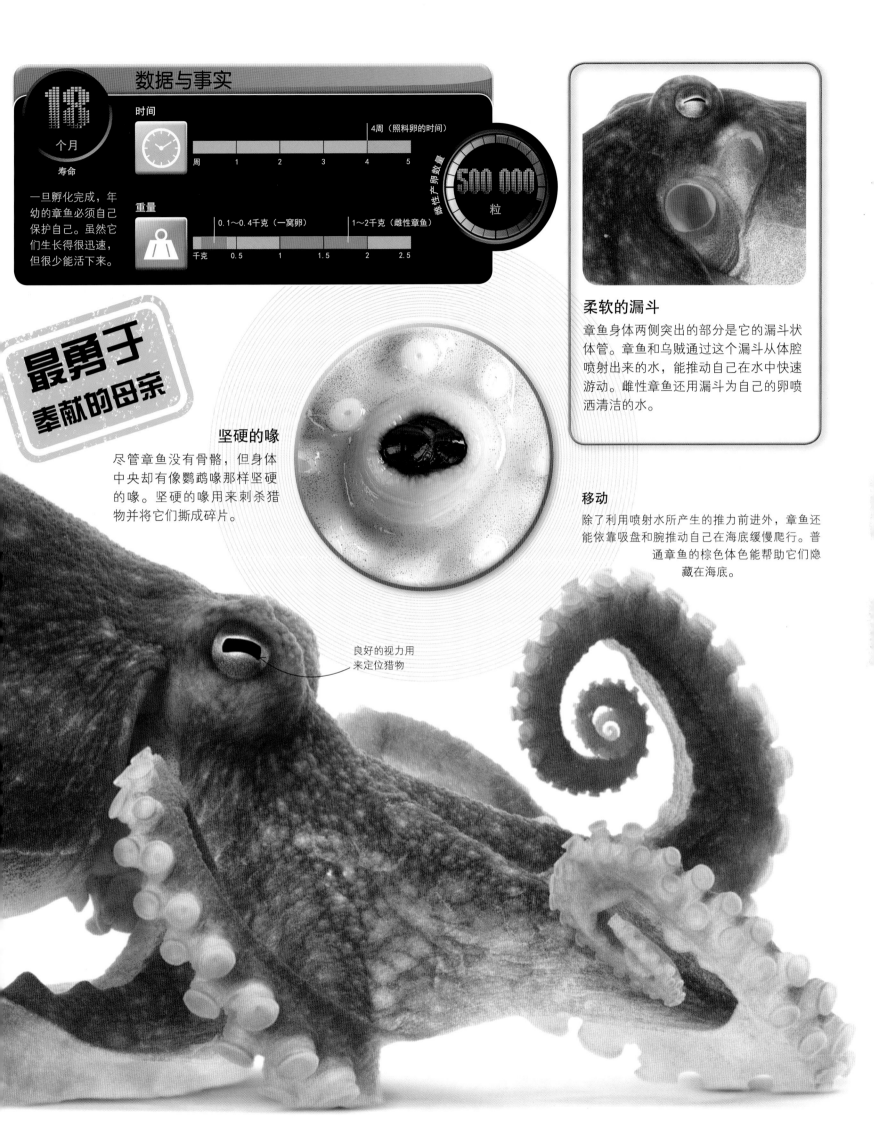

数据与事实

18
个月
寿命

一旦孵化完成，年幼的章鱼必须自己保护自己。虽然它们生长得很迅速，但很少能活下来。

时间

周	1	2	3	4	5

4周（照料卵的时间）

重量

千克	0.5	1	1.5	2	2.5

0.1～0.4千克（一窝卵）　1～2千克（雌性章鱼）

雌性产卵数量
500 000
粒

最勇于
奉献的母亲

坚硬的喙

尽管章鱼没有骨骼，但身体中央却有像鹦鹉喙那样坚硬的喙。坚硬的喙用来刺杀猎物并将它们撕成碎片。

良好的视力用来定位猎物

柔软的漏斗

章鱼身体两侧突出的部分是它的漏斗状体管。章鱼和乌贼通过这个漏斗从体腔喷射出来的水，能推动自己在水中快速游动。雌性章鱼还用漏斗为自己的卵喷洒清洁的水。

移动

除了利用喷射水所产生的推力前进外，章鱼还能依靠吸盘和腕推动自己在海底缓慢爬行。普通章鱼的棕色体色能帮助它们隐藏在海底。

自然界之最

动物有很多不同的繁殖方式。昆虫和大多数鱼类虽然能一次产下几十万粒卵，但仅有一部分能存活并且长大。鸟类和哺乳动物则与之相反，它们只产下数量不多的卵或幼崽，而且从孵化或出生开始就精心养育，以增加后代的生存机会。在动物的一生中，为了让自己尽可能地生存下来，并成功繁育后代，它们需要长距离迁移去寻觅食物，吸引配偶，寻找一个温暖的地方来度过寒冬。

最多的卵或幼崽

● 翻车鱼	3亿粒卵
● 非洲行军蚁	300万～400万粒卵
● 澳大利亚蝙蝠蛾	29 100粒卵
● 玳瑁	264粒卵
● 马岛猬	32只幼崽
● 灰山鹑	24枚卵
● 蓝山雀	19枚卵

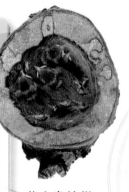

蓝山雀的巢

"有些鲷鱼
把**卵**衔在**口中**
直到孵化出来"

蓝口鲷鱼

最短的寿命

腹毛动物是一种生活在海底沙砾间的微小动物。它们从孵化到死亡的平均寿命只有3天。

最强的生育者

裸鼹形鼠在一只鼠王的统治下营群居生活。它是鼠群中唯一可以孕育幼崽的雌性。一只鼠王最多一窝能产下33只幼崽，是有记录的哺乳动物中一窝产崽量最多的动物。

33
只幼崽

裸鼹形鼠

君主斑蝶

最长的迁徙距离（单程）

● 北极燕鸥	34 600千米
● 棱皮龟	20 560千米
● 蓝鳍金枪鱼	10 000千米
● 座头鲸	8 400千米
● 鳗鱼	5 000千米
● 君主斑蝶	4 635千米
● 北美驯鹿	2 500千米

吹泡泡

雄性暹罗斗鱼筑造的巢与众不同。它们用唾液吹许多泡泡，将卵放在泡泡里。接下来连续几天守护着泡泡巢穴，直到小鱼孵化出来。

暹罗斗鱼

马拉松里程

每年，薄翅蜻蜓从印度南部迁徙至非洲。中途它们在马尔代夫岛停留休息，然后继续赶路，因为这里没有足够的淡水来供它们产卵。这是已知昆虫最长的迁徙距离。

9 000
千米

最长的寿命

● 巨桶海绵	2 300年
● 北极蛤	400年
● 亚达伯拉象龟	255年
● 北极露脊鲸	211年
● 阿留申平鲉	140年
● 楔齿蜥	111年
● 洞螈	100年
● 亚洲象	86年
● 金刚鹦鹉	80年
● 白斑角鲨	70年

亚洲象

"有些种类的动物，雄性和雌性看起来完全不同"

多指节蟾

雄性和雌性红胁绿鹦鹉

海洋活化石

珊瑚由被称作珊瑚虫的微小生物和它们的石灰质骨骼组合而成。科学家发现在海洋3千米深处生长着的黑角珊瑚是真正的远古生物。据考证，一片黑角珊瑚早在4 265年前就已经存在。

4 265 年

最大的蝌蚪

多指节蟾的蝌蚪体长可达25厘米，但发育为成体蛙后，体形会缩小至原来的五分之一。

最深处的居住者

一种仅有0.5毫米长，绰号为"魔鬼蠕虫"的线虫，被发现生活在南非金矿下3.5千米处。

几维鸟

最深的潜泳

● 狮子鱼	7.7千米
● 小飞象章鱼	7千米
● 端足类	7千米
● 棱皮龟	1.28千米
● 帝企鹅	0.275千米

3 千米

潜水冠军

抹香鲸是潜水最深的哺乳动物之一，它们能潜到水下3千米处寻找喜爱的食物——巨型乌贼。其他可与之相比的潜水选手还有象海豹和柯氏喙鲸。

"相对于它的体形来说，几维鸟的卵是鸟类中最大的"

帝企鹅

超自然的神奇感官

很多动物在视觉、听觉、触觉和嗅觉方面具有非凡的能力，它们借此感知周围的世界。这些卓越的能力帮助它们躲避危险、寻找食物或与同类交流，有时还能产生惊人的效果。

混搭型哺乳动物
鸭嘴兽

鸭嘴兽看起来就像是由几种不同动物的不同部位组合而成的。当科学家第一次见到它时，还以为这是某人的恶作剧。鸭嘴兽非常适于水中生活，它们像河狸一样的尾和蹼状足是游泳的完美装备，敏感的喙能帮助它们在昏暗的水中寻找猎物。

浓密的皮毛外套帮助保暖

强有力的蹼足非常适于游泳

特征一览

- **体形** 头体长30～45厘米，尾长10～15厘米
- **栖所** 小溪、河流和湖泊
- **分布** 澳大利亚大陆东部和塔斯马尼亚岛
- **食物** 小龙虾、磷虾、昆虫幼虫、蠕虫、蜗牛和小型鱼类

" 鸭嘴兽是**产卵**的**哺乳动物**"

数据与事实

21
年
饲养寿命

鸭嘴兽拥有相对于体形来说较大的肺，能帮助它们在水下屏气。和其他能潜水的哺乳动物一样，游泳时鸭嘴兽能通过减缓心率来减少氧气消耗。

最快游速

24
千米/时

喙

厘米	2	4	6	8

5～7厘米（长度）

60 000（感知移动）

喙的感受器	20 000	40 000	60 000	80 000

40 000（感知电信号）

潜水

11分钟（最长潜水时长）

0.5～2分钟（潜水时长）

分钟	3	6	9	12

米	2	4	6	8	10

1～5米（潜水深度）　　8.8米（最深潜水深度）

心跳

每分钟心跳次数	10～120次（潜水时）	1分钟

每分钟心跳次数	120～240次（休息时）	1分钟

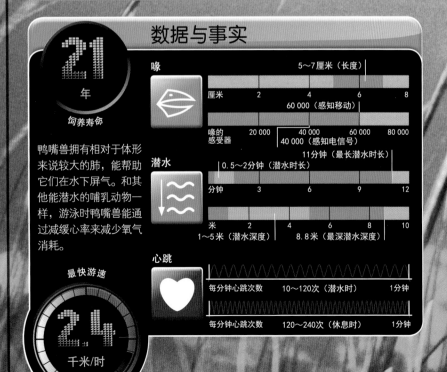

河畔生活

鸭嘴兽是技艺高超的泳者，能潜水5分钟寻觅食物。它们在河岸挖掘一个洞穴来藏身。从水中进入洞穴的通道很狭窄，鸭嘴兽通过通道时能顺便挤干皮毛的水分，这样有助于皮毛变得干爽。

有毒的刺

所有的鸭嘴兽出生时踝部都有一根尖锐的刺，但只有雄性的刺在成年后仍旧存在。刺内发育出毒腺，用于抵御捕食者或其他雄性。毒腺分泌的毒液能给对手带来剧痛并能杀死对手，因此领地内的雄性彼此间会保持安全距离。

最敏感的喙

蹼状足

鸭嘴兽独特的蹼状足在游泳的时候推动它们前进。它的每只足上武装着5个强健的爪状趾，能帮助它们在河堤上挖掘洞穴。

敏感的吻部

鸭嘴兽橡胶般有弹性的喙格外敏感，能帮助它们在昏暗的水下寻找食物。喙能感知微小动物的活动，还能接收猎物肌肉传递出来的电信号。当鸭嘴兽的头左右摆动时，它从吻周围的空间收集所有信号以形成一幅网状图。据此，它能立刻判断出食物的方向和距离。

喙能在水中感知猎物的电信号并将其绘制成一幅定位图

奇臭无比的哺乳动物
臭鼬

特征一览

从臭鼬尾部喷射出的液体简直是世界上最可怕的**臭气炸弹**，闻起来如同燃烧的橡胶、腐烂的洋葱和臭鸡蛋的混合气味。有过这种体验的捕食者很快就学会将臭鼬抢眼的黑白相间的毛色与强烈到能令眼睛流泪的恶臭气味联系起来。臭鼬的体液直接喷射到眼睛会导致暂时性失明，因此，即便是体形最大的敌人也会绕道而行。

- **体形** 头体长12～49厘米，尾长7～43厘米
- **栖所** 林地、草原和沙漠
- **分布** 美洲
- **食物** 小型动物、植物、谷物和水果

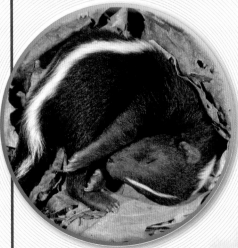

新生的小臭鼬

臭鼬通常一窝能生下四五只小臭鼬，最多可达10只，它们生活在地下洞穴中。夏季出生的小臭鼬，到了秋季就能独立生活了。

臭鼬的嗅觉非常敏锐

"在1 000米以外的地方都能闻到臭鼬的**臭气**"

唾手可得的食物

臭鼬尽情享用一切能找到的有营养的食物，包括鸟蛋。它们的饮食习惯能减少有害的啮齿动物和昆虫的数量，但有时它们也会偷袭养禽场，因此并不那么受人类的欢迎。

液体从臭鼬尾部两侧的臭腺中喷射出来

恶臭的喷雾

当臭鼬的尾巴抬起，屁股对准你的时候，快点往后退。一旦确认敌人离自己太近，愤怒的臭鼬就会弓起背不断跺脚，然后它会回头看看是否能击中目标。

闪开

臭鼬黑白条纹的皮毛警告敌人远离它。在进行喷射攻击时，臭鼬后背和尾部的长毛会展开，让它看起来更具威慑力。

数据与事实

13
年
饲养寿命

臭鼬能将液体喷射相当长的距离，但只有在3米之内才能保证准确性。

奔跑速度
16
千米/时

容量

15～18毫升（臭腺中的液体）

毫升		5		10		15		20

距离

2～6米（液体喷射距离）

米		2		4		6		8

叫声最大的陆栖动物

清晨吊嗓子

吼猴的吼叫大部分发生在清晨和黄昏时分。它们大大的下颌和宽阔的喉咙使它们的吼声听起来更加响亮。吼猴是爬树高手，它们大部分时间在树上度过。

吵闹的邻居
吼猴

当南美洲吼猴巨大的吼声在茂密的森林中回荡时，丛林里便热闹起来。雄性吼猴的吼叫声如同狮吼一般，如果在开阔场地，20只吼猴同时吼叫的声音在5千米之外都能听到，即使在丛林，也能传到3千米以外。通过吼叫，吼猴可以避免与竞争对手展开关于领地或食物的危险冲突。它们营群居生活，通常形成有11只吼猴的族群，有时也会组成多达65只吼猴的大军。

特征一览

- **体形** 头尾长95～135厘米，体重4～11.5千克，雄性比雌性体形大
- **栖所** 雨林、干燥森林、红树林
- **分布** 南美洲热带地区，从墨西哥南部到阿根廷北部
- **食物** 水果、嫩叶、花朵和种子

数据与事实

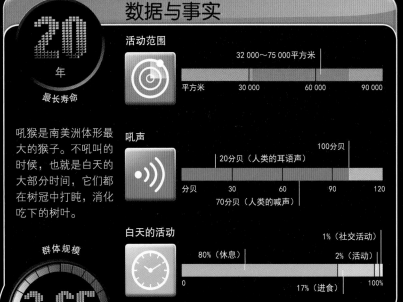

20 年
最长寿命

吼猴是南美洲体形最大的猴子。不吼叫的时候，也就是白天的大部分时间，它们都在树冠中打盹，消化吃下的树叶。

活动范围

32 000～75 000平方米

平方米　　30 000　　60 000　　90 000

吼声

100分贝

20分贝（人类的耳语声）

分贝　　30　　60　　90　　120

70分贝（人类的喊声）

白天的活动

1%（社交活动）

80%（休息）　　2%（活动）

0　　17%（进食）　　100%

群体规模

2-65 只

大眼无敌

眼镜猴在同等体形的哺乳动物中眼睛是最大的。虽然它们的眼睛固定在眼眶内，但头部几乎能旋转一周，可以全方位视物。一旦锁定猎物，眼镜猴能跳跃很长的距离，用能抓握的手捕捉它们。

> "眼镜猴能跳跃自身**身高70倍**的距离"

沉默的泄密者

眼镜猴

眼镜猴是小型树栖灵长类动物，它们生活在雨林中，夜晚外出捕猎。和它们吵闹的猴类近亲不同，眼镜猴的高分贝叫声人类几乎听不到。运用这种高频超声波是避免危险的一种方式，它们能在不惊扰大型捕食者的情况下彼此交流，通报敌情。

特征一览

- **体形** 头体长9~16厘米，尾长14~28厘米
- **栖所** 雨林
- **分布** 苏门答腊岛、加里曼丹岛、菲律宾和苏拉威西岛（东南亚）
- **食物** 昆虫、小型蜥蜴，有时也吃鸟类和蛇

数据与事实

13 年
最长寿命

眼镜猴的每只眼睛都和它的大脑一样大，它的耳朵在不停地活动。视觉和听觉对眼镜猴至关重要，因为它们要凭借这两种感觉来判断跳多远才能捕到猎物。

最长跳跃距离
7 米

叫声

	20千赫（人类）		67~79千赫
千赫	20 40	60 80	100

	60分贝	
分贝	30	60 90

80分贝（人类）

夜间视力

	95 000（人类视觉感受器）	300 000（视觉感受器）
感受器/平方毫米	150 000 300 000	450 000

活动范围

	10 000~30 000平方米
平方米	10 000 20 000 30 000 40 000

最佳团队合作
虎鲸

一群虎鲸的驾临引起了其他海洋动物的恐慌。作为海豚科体形最大的成员，虎鲸集结成令人畏惧的鲸群共同巡游。在袭击猎物时，没有哪种海洋动物能像虎鲸一样如此精于算计，也没有哪个群体的捕猎者能配合得如此完美。

特征一览

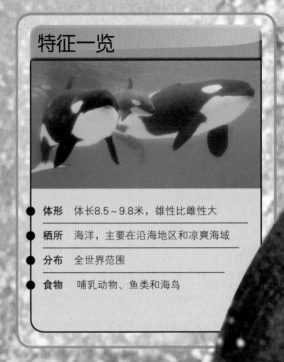

- **体形** 体长8.5～9.8米，雄性比雌性大
- **栖所** 海洋，主要在沿海地区和凉爽海域
- **分布** 全世界范围
- **食物** 哺乳动物、鱼类和海鸟

数据与事实

90 年
最长寿命

虎鲸通常以鲸群的形式生活在一起，有时还能形成更大的群。几个具有相似习性或血缘关系的小群会聚合成一个大群。

游速
45 千米/时

群体规模
2～40只个体

| 0 | 20 | 40 | 60 |

潜水
1 000米（最深潜水深度）
50～250米（潜水深度）

| 米 | 250 | 500 | 750 | 1 000 | 1 250 |

1～4分钟（潜水时长）

| 分钟 | 5 | 10 | 15 | 20 | 25 |

21分钟（最长潜水时长）

猎物体重
1～100千克

| 千克 | 25 | 50 | 75 | 100 | 125 |

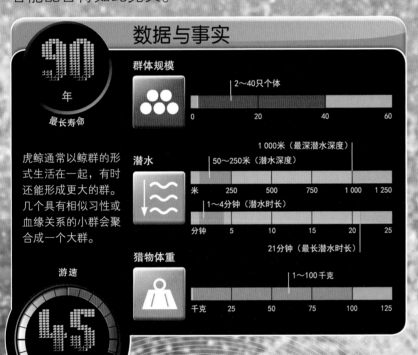

锋利的牙齿

虎鲸拥有大大的锋利的牙齿，这些牙齿非常坚固，并向后弯曲，能帮助虎鲸攫住挣扎的大型猎物，如鲨鱼、海豹和海狮。

海滩攻击

尽管有些种类的虎鲸只吃鱼类，但还有一些种类的虎鲸捕食海狮甚至其他种类的鲸。有时，这些果敢的捕食者为了猎食海狮会冒险将自己搁浅在沙滩上。

杀手集团

虎鲸非常善于群体协作捕杀冰面上的海狮。首先，它们从水中露出头来定位猎物，接着在冰块下游泳制造巨大的波浪，巨浪涌上冰块将海狮击入水中。如果这招不奏效，它们会轻推冰块让海狮跌落水中。

虎鲸准备好推动冰块

在冰块上休息的海狮

虎鲸露出水面侦查猎物

虎鲸一起游泳制造大浪

浪开始形成

海狮被大浪推入水中，落入早已准备好的虎鲸口中

浪冲上冰块

水上杂技演员

在水中快速游动时，虎鲸能跃出水面，这能让它们前进得更快。它们通过尾和鳍猛拍水面来宣示主权，用一系列的尖叫声和啭鸣声来彼此交流。

"虎鲸能**吞下整只小海狮**"

最复杂的乐曲
座头鲸

鲸彼此间通过歌声来交流，而座头鲸的歌声复杂得令人难以置信。它们的歌声如同一段乐曲，由不同的音调和乐句组成。座头鲸循环往复地歌唱，构成了一段长达30分钟的乐曲。雄性座头鲸在求偶期整天吟唱着这些乐曲。

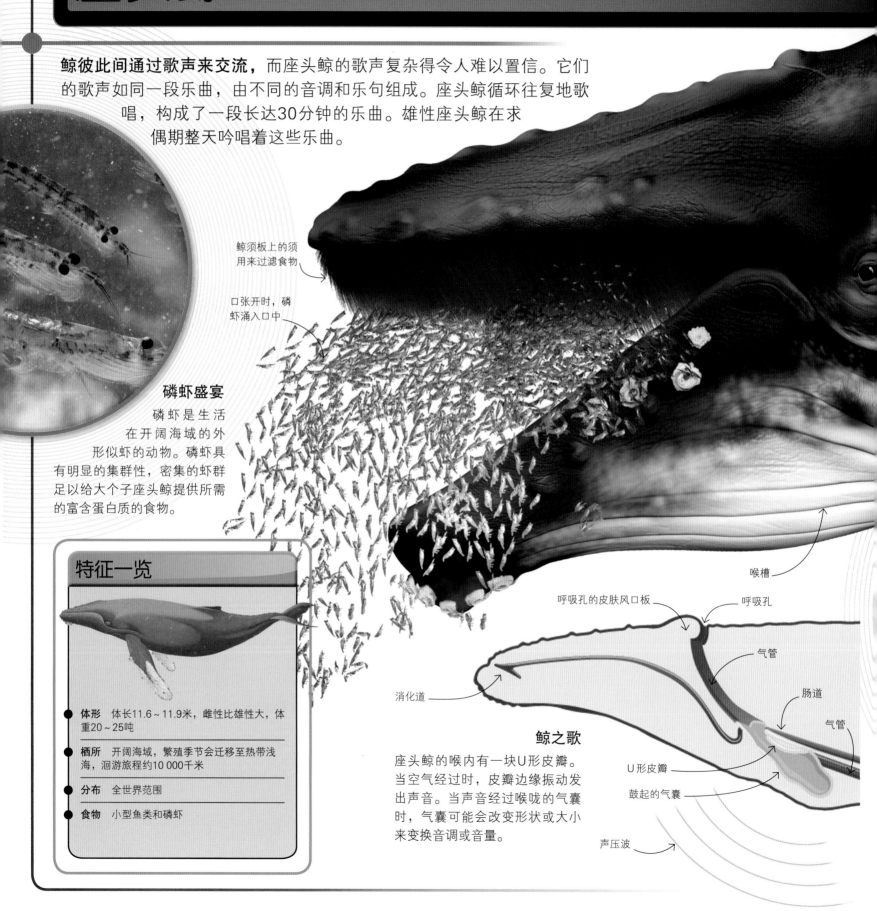

鲸须板上的须用来过滤食物

口张开时，磷虾涌入口中

磷虾盛宴

磷虾是生活在开阔海域的外形似虾的动物。磷虾具有明显的集群性，密集的虾群足以给大个子座头鲸提供所需的富含蛋白质的食物。

特征一览

- **体形** 体长11.6～11.9米，雌性比雄性大，体重20～25吨
- **栖所** 开阔海域，繁殖季节会迁移至热带浅海，洄游旅程约10 000千米
- **分布** 全世界范围
- **食物** 小型鱼类和磷虾

喉槽

呼吸孔的皮肤风口板

呼吸孔

气管

消化道

肠道

气管

U形皮瓣

鼓起的气囊

声压波

鲸之歌

座头鲸的喉内有一块U形皮瓣。当空气经过时，皮瓣边缘振动发出声音。当声音经过喉咙的气囊时，气囊可能会改变形状或大小来变换音调或音量。

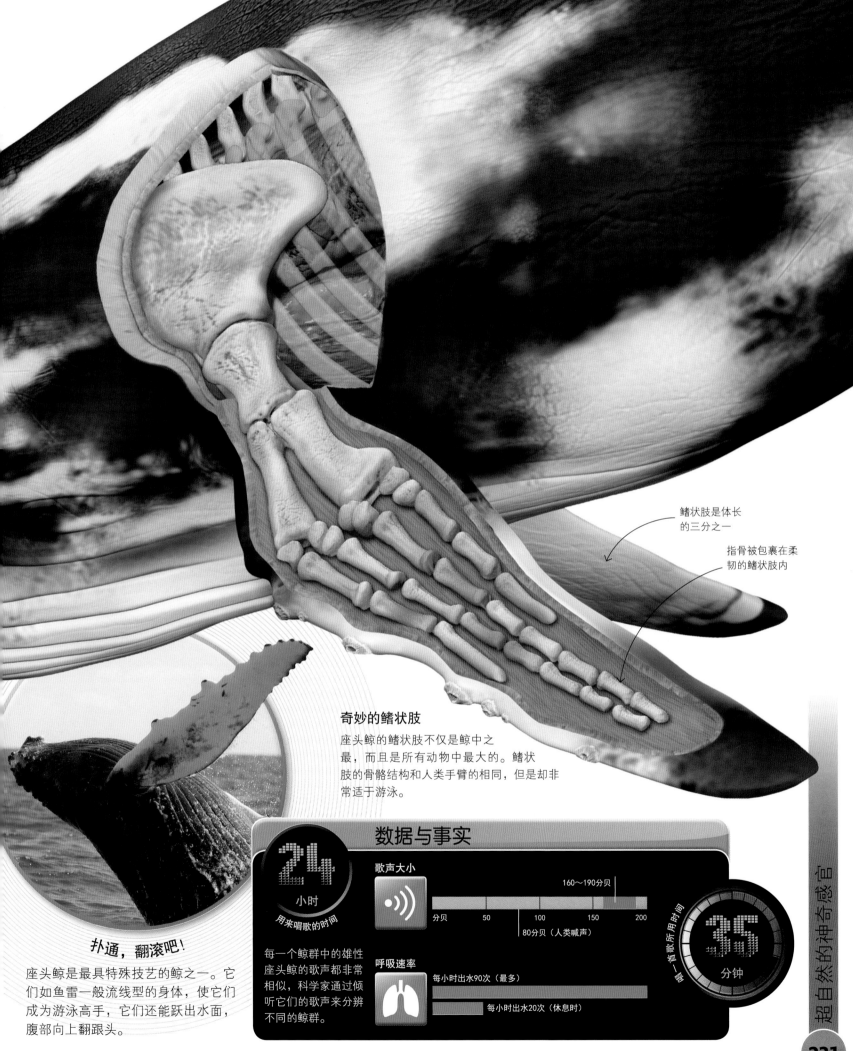

鳍状肢是体长
的三分之一

指骨被包裹在柔
韧的鳍状肢内

奇妙的鳍状肢

座头鲸的鳍状肢不仅是鲸中之
最，而且是所有动物中最大的。鳍状
肢的骨骼结构和人类手臂的相同，但是却非
常适于游泳。

扑通，翻滚吧！

座头鲸是最具特殊技艺的鲸之一。它
们如鱼雷一般流线型的身体，使它们
成为游泳高手，它们还能跃出水面，
腹部向上翻跟头。

数据与事实

24
小时
用来唱歌的时间

每一个鲸群中的雄性
座头鲸的歌声都非常
相似，科学家通过倾
听它们的歌声来分辨
不同的鲸群。

歌声大小

160～190分贝

| 分贝 | 50 | 100 | 150 | 200 |

80分贝（人类喊声）

呼吸速率

每小时出水90次（最多）

每小时出水20次（休息时）

35
分钟
唱一首歌所用时间

最敏感的口鼻

星鼻鼹

星鼻鼹有一张与众不同的脸，看起来就像是外星生物。它的鼻子周围环绕着22条不断扭动的短触须，凭借这些触须的触觉而非鼻子的嗅觉，星鼻鼹感知周围的环境，捕捉小猎物。鼹鼠的生活方式异常疯狂，它们总是不断地活动，不断地捕猎，它们的反应如闪电般迅速，一些科学家因此认为它们是自然界最快的进食者。它们也在水下觅食，朝着猎物吹泡泡，然后再把泡泡吸进来以感知猎物的气味。

特征一览

- **体形** 头体长10~13厘米，尾长6~8厘米
- **栖所** 在湿润的土地上挖洞，在池塘和溪流中游泳潜水
- **分布** 北美洲
- **食物** 水生昆虫、蚯蚓、软体动物和小型鱼类

数据与事实

25 000

个

鼻部感受器的数量

鼹鼠快速的反应能力能帮助它捕捉大量无脊椎猎物。

猎物大小

0.001~30毫米

| 毫米 | 10 | 20 | 30 | 40 |

摄食速度

1~3只/秒（无脊椎动物）

| 0 | 1 | 2 | 3 | 4 | 5 |

捕食猎物所需时间

01

秒

昆虫探测器

星鼻鼹鼻子上的触须集合了很多微小的触觉感受器。它们的眼睛很小，视力也很差，通过感受器来探知四周，不失为在黑暗洞穴中探索的一种好方法。其他的鼹鼠也有这种感受器，但星鼻鼹的触觉感受器是它们的5倍。

安静的捕手
仓鸮

仓鸮不仅能在完全黑暗的环境中找到老鼠，而且还能毫无声息地冲向目标并捉住它。安静地飞行有助于它们倾听猎物的动静，以便于它们逮住藏身于草叶下或积雪中的老鼠。仓鸮能以超高的精准度判断猎物的位置。

向上挥起的翅膀在起飞时提供向下扇动的强大力量

钩状喙能将猎物撕碎

安静地飞翔

当仓鸮定位了猎物，它们便飞向空中。宽大的双翼不需要过多地拍打就能轻松地抬起身体。双翼边缘柔软的羽毛能消除振翅发出的声音。

数据与事实

20 年
饲养寿命

宽大的翅膀让仓鸮能安静地在空中飞翔，还能让它们将沉重的猎物带回巢穴，喂食饥饿的雏鸟。

猎物体重

3～100克

| 克 | 50 | 100 | 150 |

感知猎物距离

20米（听到老鼠的动静）

| 米 | 10 | 20 | 30 |

2～5米（人类能听到老鼠的动静）

80 千米/时
最快飞行速度

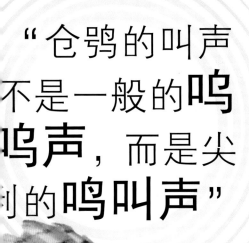

"仓鸮的叫声不是一般的呜呜声，而是尖利的鸣叫声"

鸟的观察视野

仓鸮的眼睛很大，却无法转动，它只能依靠灵活的脖颈。脖颈能让头部几乎旋转一周来看向后方，或者扭向一侧来观察周围的事物。

眼睛适应昏暗的光线

锋利的爪准备捕捉猎物

如同降落伞一般展开的翅为降落做准备

飞行时最安静的捕食者

瞄准猎物

仓鸮的心形脸能反射并放大猎物非常微弱的吱吱声。在仓鸮面部两侧各有一个耳孔，其中一侧的比另一侧的稍高，能帮助大脑计算猎物的方向和距离。

束羽

雌性仓鸮通常一次产4～7枚卵，但并非所有的卵都能成活。5周左右，雏鸟开始褪去灰暗的绒毛，长出成鸟所具备的飞羽。

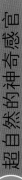

最优秀的舞蹈家
蜜蜂

雌性工蜂非常善于跳舞。当它找到一处有着丰富花蜜的地方时，它便会表演一段舞蹈来告知其他的工蜂地点所在。当蜂王被数百只雄蜂围绕着待在巢中产卵时，数以千计的工蜂则在外面采集花蜜和富含蛋白质的花粉，为蜂巢中蜜蜂的活动提供能量。

前翅比后翅要大

胸腔或胸部包含着飞行肌

触角帮助蜜蜂感知气味

舞蹈跳得越快，表明离食物源越近

复眼由数千微小的细胞构成

舞蹈的工蜂

当一只工蜂找到食物源时，它不会据为己有。它会飞回蜂巢为姐妹们表演一段舞蹈来说明食物的位置。如果食物就在附近，它就跳一段圆舞；如果位置较远，它就会跳一段8字舞或摆尾舞。

管状的口器或长喙用来收集花蜜

勤劳的工人

工蜂有很多工作：它们要保持蜂巢的清洁，抵御入侵者，照顾幼虫。它们喝下花蜜，在胃中转化产生蜂蜜；它们还用腿部特殊的"花篮"采集花粉。

特征一览

- **体形** 体长1~2厘米
- **栖所** 林地和花园
- **分布** 欧洲、非洲、亚洲南部，并被引入到其他地方
- **食物** 花蜜和花粉

> "蜜蜂以舞蹈告诉同伴**10千米**之外食物的位置"

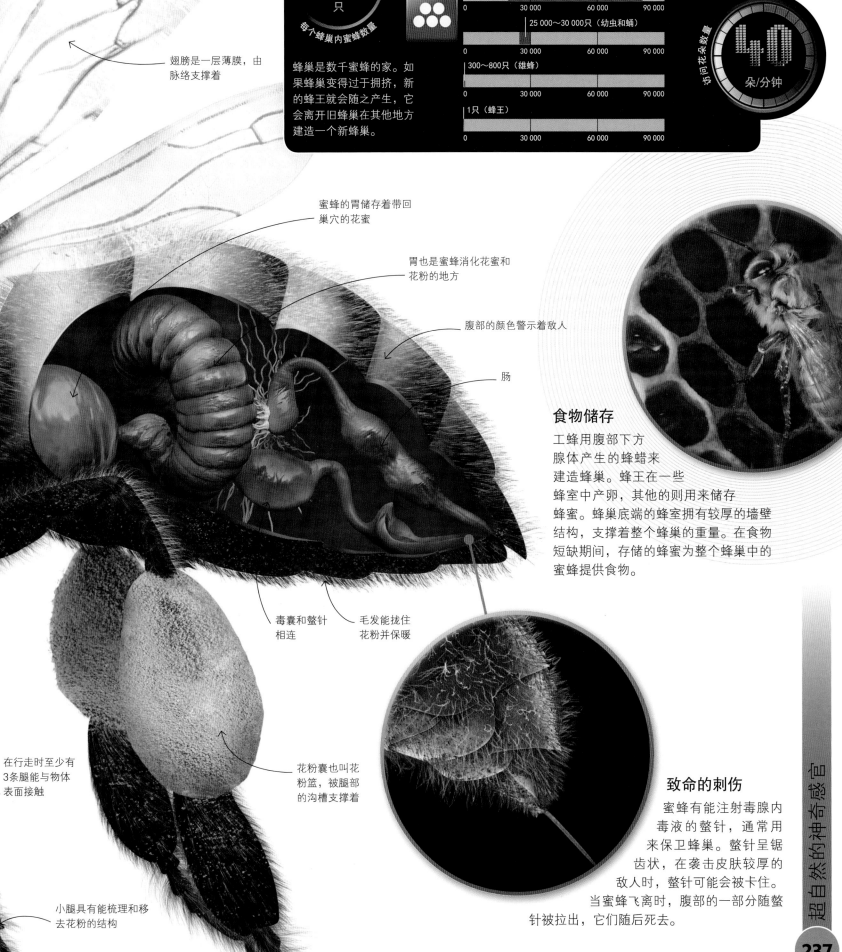

80 000

只

每个蜂巢内蜜蜂数量

群体规模

| | 0 | 30 000 | 60 000 | 90 000 |

20 000～80 000只（工蜂）

25 000～30 000只（幼虫和蛹）

300～800只（雄蜂）

1只（蜂王）

蜂巢是数千蜜蜂的家。如果蜂巢变得过于拥挤，新的蜂王就会随之产生，它会离开旧蜂巢在其他地方建造一个新蜂巢。

40

朵/分钟

访问花朵数量

翅膀是一层薄膜，由脉络支撑着

蜜蜂的胃储存着带回巢穴的花蜜

胃也是蜜蜂消化花蜜和花粉的地方

腹部的颜色警示着敌人

肠

毒囊和螫针相连

毛发能拢住花粉并保暖

在行走时至少有3条腿能与物体表面接触

花粉囊也叫花粉篮，被腿部的沟槽支撑着

小腿具有能梳理和移去花粉的结构

食物储存

工蜂用腹部下方腺体产生的蜂蜡来建造蜂巢。蜂王在一些蜂室中产卵，其他的则用来储存蜂蜜。蜂巢底端的蜂室拥有较厚的墙壁结构，支撑着整个蜂巢的重量。在食物短缺期间，存储的蜂蜜为整个蜂巢中的蜜蜂提供食物。

致命的刺伤

蜜蜂有能注射毒腺内毒液的螫针，通常用来保卫蜂巢。螫针呈锯齿状，在袭击皮肤较厚的敌人时，螫针可能会被卡住。当蜜蜂飞离时，腹部的一部分随螫针被拉出，它们随后死去。

目光锐利的捕食者
蜻蜓

蜻蜓拥有能全方位观察周围事物的巨大眼睛和两组能独立活动的翅膀。良好的视力和杂技表演般的飞行技巧让它们成为捕捉移动中的昆虫的专家。

每只眼睛都由很多微小的视单元构成

眼睛大且功能很强

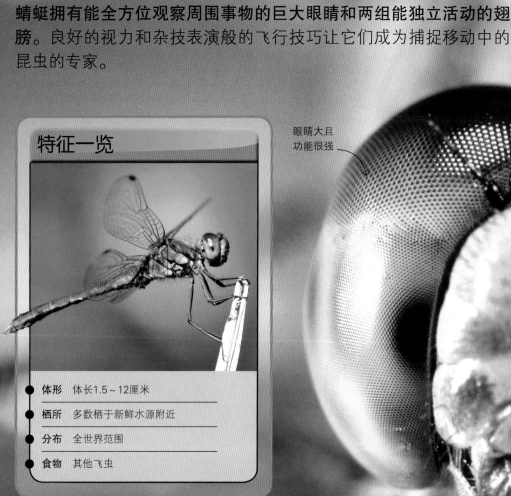

特征一览

体形	体长1.5～12厘米
栖所	多数栖于新鲜水源附近
分布	全世界范围
食物	其他飞虫

强壮的下颚能撕碎猎物

数据与事实

6
个月

最长寿命（成体）

蜻蜓的眼睛非常大，占据了头部的绝大部分面积。

最快速度

60
千米/时

视力

每只眼睛的晶状体数量	25 000	30 000	50 000

大脑

	80%（视觉信息）	20%（来自其他感官的信息）
0		100%

天赋神眼

和所有的昆虫一样，蜻蜓也有复眼。这意味着它的每只眼睛都由数以千计的微小视单元构成。每个晶状体都很小，结构也很简单，很难使眼睛看到事物的细微之处，但晶状体聚合在一起协同工作，就能帮助蜻蜓定位周围飞舞的昆虫。

最大的复眼

热感应昆虫
接吻蝽

接吻蝽常常被温血动物，如人类的体热所吸引。大多数受害者在睡觉时被叮咬，他们几乎感觉不到落在皮肤上准备开始享用大餐的接吻蝽。被这种昆虫叮咬后，人们很可能会患一种叫查加斯病的令人讨厌的疾病，这种病可以致人死亡。

特征一览

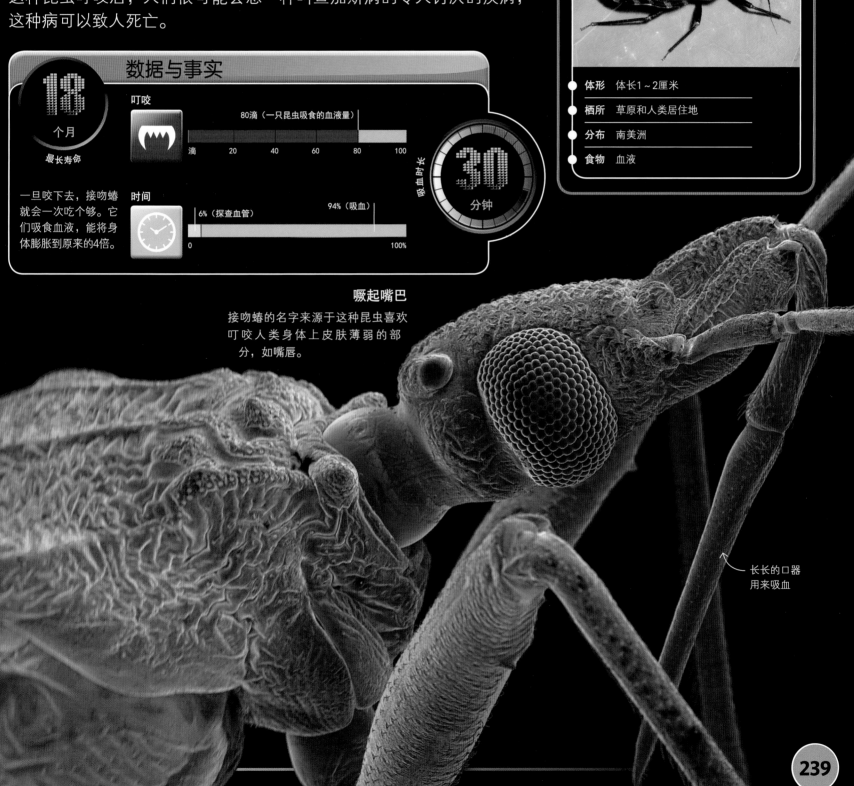

- **体形** 体长1～2厘米
- **栖所** 草原和人类居住地
- **分布** 南美洲
- **食物** 血液

数据与事实

18
个月
最长寿命

叮咬

80滴（一只昆虫吸食的血液量）

滴　20　40　60　80　100

一旦咬下去，接吻蝽就会一次吃个够。它们吸食血液，能将身体膨胀到原来的4倍。

时间

6%（探查血管）　　94%（吸血）

0　　　　　　　　100%

吸血时长

30
分钟

噘起嘴巴

接吻蝽的名字来源于这种昆虫喜欢叮咬人类身体上皮肤薄弱的部分，如嘴唇。

长长的口器用来吸血

"雌蛾能以气味吸引多达100只雄蛾"

气味调频

天蚕蛾用触角来"嗅"气味，它们的每个触角上都武装着能采集空气中气味的感受器。当一只触角检测到的气味比另一只更强烈时，天蚕蛾就会改变路线，利用检测到更强烈气味的触角指引方向，这样它总是能按照最直接的路线找到气味源。

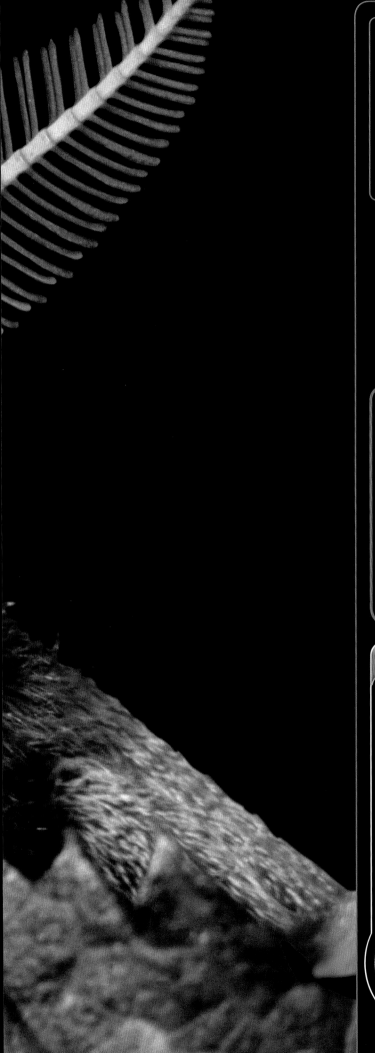

超敏感的嗅觉探测器

天蚕蛾

蛾的嗅觉非常惊人：一个微小的气味分子能被在10千米之外的蛾嗅到，这比一个人能嗅到身处另一个国家的某人身上的香水味还要惊人。对于在夜晚活动的昆虫来说，气味是告知对方你在哪里的最好方式。雌蛾能产生叫作信息素的微小物质，雄性据此能找到雌性。

特征一览

- **体形** 蛾成体体长2厘米，毛虫体长6厘米
- **栖所** 欧石南地和开阔乡村
- **分布** 欧洲和亚洲北部
- **食物** 蛾成体不进食，毛虫吃欧石南植物和灌木

数据与事实

4 周
最长寿命

成体的蛾不进食，也活不了很久，因此它们需要尽快找到配偶。信息素能将相隔很远的雌雄双方吸引到一起。

触角长度
7 毫米

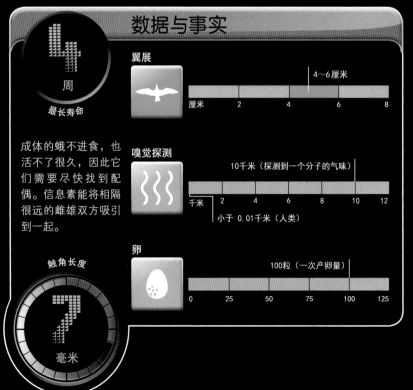

翼展

4~6厘米

厘米　2　4　6　8

嗅觉探测

10千米（探测到一个分子的气味）

千米　2　4　6　8　10　12

小于 0.01千米（人类）

卵

100粒（一次产卵量）

0　25　50　75　100　125

最强的攻击

虾蛄

闪电般的速度加上毁灭性的攻击力量，虾蛄能令敌人毙命。它们或许有着动物界最复杂的眼睛，在感知活动和判断距离方面也是专家。它们的色彩视觉甚至比人类还要丰富，能看清周围任何微小的细节，这意味着几乎没有什么动物能逃过它们的眼睛。

特征一览

- **体形** 根据种类的不同，最长可达35厘米

- **栖所** 浅水珊瑚礁水域，泥泞、遍布沙砾的海底以及珊瑚礁

- **分布** 全世界范围，热带种类更多

- **食物** 蟹、蜗牛和鱼类

数据与事实

20 年
最长寿命

虾蛄的爪是致命的武器，可以当作棍棒或矛来使用。它的每只眼睛都是复眼，由许多不同的微小视单元构成。

攻击速度

23 米/秒

视觉

12（感受不同颜色的视觉感受器）

0	3	6	9	12	15

3（人类视觉感受器）

0	5 000	10 000	15 000

10 000（每只眼睛的视单元）

攻击力

400～1 500牛顿

牛顿	500	1 000	1 500	2 000

深度

1 500米（最深栖息深度）

米	500	1 000	1 500	2 000

锐利的视觉

虾蛄具有复眼。每只眼的上部和下部带纹区都能感知活动，并判断要攻击猎物的距离；中间的带纹区集中了色视单元，能让虾蛄看到人类肉眼所不能见的光线，如紫外线。

最强大
色彩视觉

最多的眼睛
扇贝

大部分带壳的软体动物看起来都是愚钝、行动缓慢的动物，但扇贝可以用很多排复杂的眼睛观察周围的世界，并通过壳的闭合快速游动。扇贝柔软的身体被一副铰接的壳包裹着。当壳打开时，栖居于海床泥沙中的扇贝就可以滤食浮游动物。

一排排眼睛

扇贝不能像人类一样看清物体的细节，但能感知阴影和移动，这足以让它们发现捕食者。扇贝的眼睛还能探测浮游动物的大小，它们会张开壳以捕食足够多的食物。

肉质身体的边缘布满微小的眼睛

壳闭合能使身体移动

数据与事实

12 个月
寿命

扇贝的眼睛包含很多微小的反光镜，能聚合接收的光线，这一招在昏暗的海水中非常有用。

眼睛

40~100只（常规数量）

只	50	100	150

毫米	1毫米（眼球直径）	10	20	30

24毫米（人类眼球直径）

最多的眼睛数量

110 只

壳张开的幅度

23%（周围只有少量食物时）

25%~50%（周围有较多的食物时）

特征一览

- **体形** 壳长2~30厘米
- **栖所** 大多数生活在珊瑚海域
- **分布** 全世界范围
- **食物** 主要以浮游动物为食

最佳伏击手
螲蟷

螲蟷用蛛丝和土壤做一个活盖将洞穴的入口遮挡住，它们就耐心地藏在下面守株待兔。一旦过路的昆虫触动螲蟷布防在洞穴入口处的丝质警戒线，它们就会一跃而出逮住猎物。

多功能毒牙

螲蟷的毒牙能将毒液注入猎物体内。它们的毒牙上还有小的倒钩。当螲蟷挖洞时，毒牙像耙子一样把土刨开。

粗壮而黑亮的腿

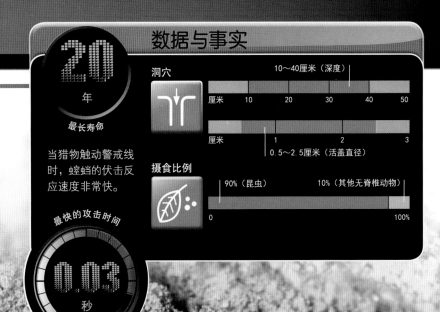

数据与事实

20
年
最长寿命

当猎物触动警戒线时，螲蟷的伏击反应速度非常快。

最快的攻击时间

0.03
秒

洞穴				10~40厘米（深度）	
	厘米	10	20	30	40	50

	厘米		1		2	3
			0.5~2.5厘米（活盖直径）			

摄食比例

	90%（昆虫）	10%（其他无脊椎动物）
0		100%

特征一览

- **体形** 头体长0.5~3厘米
- **栖所** 森林、草原和半沙漠地区
- **分布** 全世界范围，大多数分布在温带和热带地区
- **食物** 昆虫和其他小型动物

超自然的神奇感官

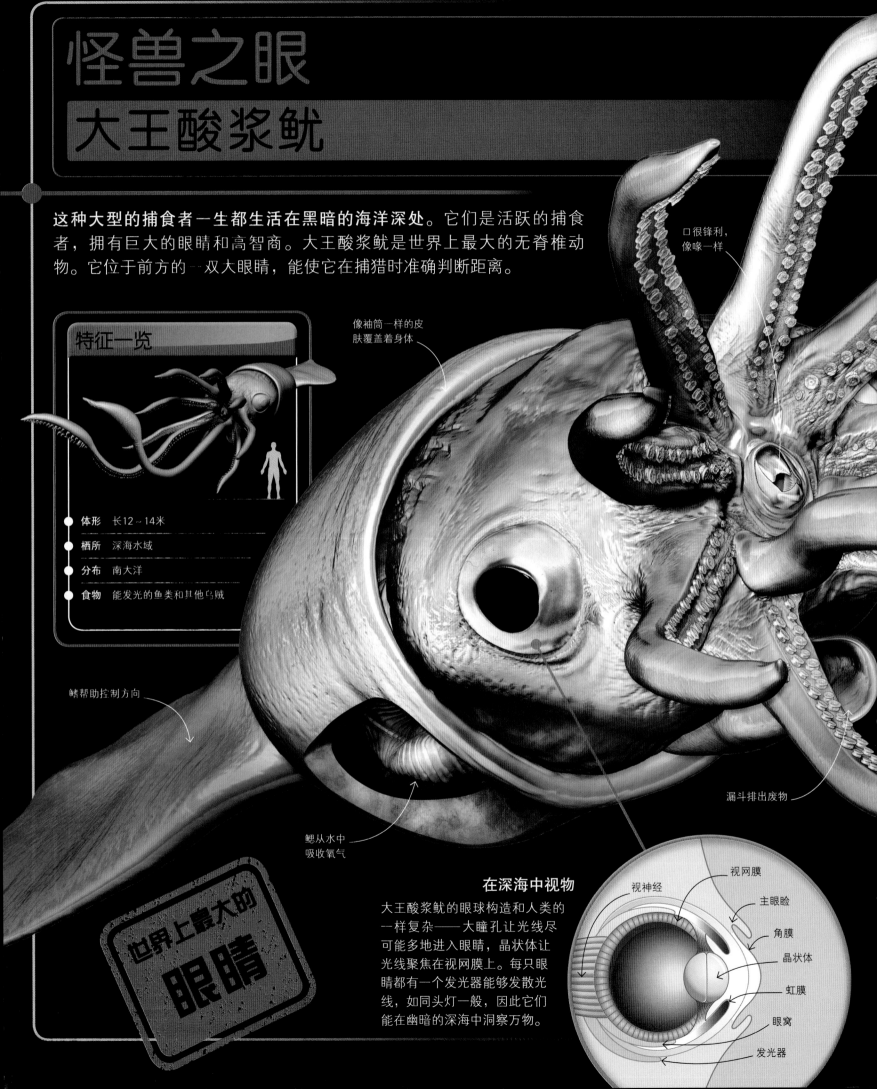

怪兽之眼
大王酸浆鱿

这种大型的捕食者一生都生活在黑暗的海洋深处。它们是活跃的捕食者，拥有巨大的眼睛和高智商。大王酸浆鱿是世界上最大的无脊椎动物。它位于前方的一双大眼睛，能使它在捕猎时准确判断距离。

特征一览

- **体形** 长12～14米
- **栖所** 深海水域
- **分布** 南大洋
- **食物** 能发光的鱼类和其他乌贼

口很锋利，像喙一样

像袖筒一样的皮肤覆盖着身体

鳍帮助控制方向

鳃从水中吸收氧气

漏斗排出废物

世界上最大的眼睛

在深海中视物

大王酸浆鱿的眼球构造和人类的一样复杂——大瞳孔让光线尽可能多地进入眼睛，晶状体让光线聚焦在视网膜上。每只眼睛都有一个发光器能够发散光线，如同头灯一般，因此它们能在幽暗的深海中洞察万物。

视神经
视网膜
主眼睑
角膜
晶状体
虹膜
眼窝
发光器

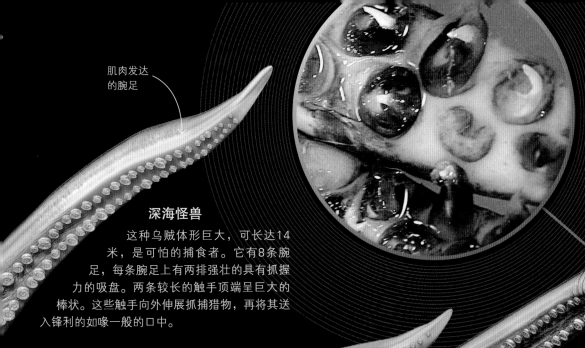

肌肉发达的腕足

肉质利钩

两条长触手顶端膨胀呈棒状，布满锋利的肉钩。这些钩子能旋转一周。8条较短的腕足具有吸盘和不能旋转的钩子。当大王酸浆鱿捕食猎物时，吸盘和钩子协同合作紧紧地抓住猎物。

深海怪兽

这种乌贼体形巨大，可长达14米，是可怕的捕食者。它有8条腕足，每条腕足上有两排强壮的具有抓握力的吸盘。两条较长的触手顶端呈巨大的棒状。这些触手向外伸展抓捕猎物，再将其送入锋利的如喙一般的口中。

"它的眼睛和足球一样大"

长长的触手顶端呈棒状

吸盘具有抓握力

粉嫩之躯

没有人见过深海中的活的大王酸浆鱿。和图中的模型一样，它的皮肤呈粉色，这是由微小色素囊所致。我们知道其他种类的乌贼能根据心情在某种程度上变换体色，大王酸浆鱿应该也可以做到。

数据与事实

495
千克
最大体重

大王酸浆鱿非常适于深海的生活。它也是最聪明的海洋生物之一。它有一个面包圈形状的脑和复杂的神经系统。

长到3米长所需时间

18
个月

眼睛
| | 27厘米（眼球直径） |
| 9厘米（晶状体直径） |
厘米　10　20　30
2.4厘米（人类眼球直径）

长度
1米（腕足）　2米（触手）
米　1　2　3

潜水深度
1 000～2 500米
米　1 000　2 000　3 000

自然界之最

感觉器官能帮助动物与身处的环境沟通。除了视觉、听觉、嗅觉、味觉和触觉这些感觉外，一些动物还具有额外的感官，例如蝙蝠的回声定位系统和一些蛇类的热感受器。其他一些动物具有特殊的嗅觉，或者能看到或听到人类所不能看见或听见的颜色或声音。感觉还能用来交流：动物用叫声呼唤配偶，用气味标示领地，或者以鲜艳的颜色来警示捕食者。

高频听力

● 白喙斑纹海豚	200千赫
● 美洲鲥	180千赫
● 蜡螟	150千赫
● 鼠	91千赫
● 眼镜猴	91千赫
● 猫头鹰	12千赫

高频听力

蝙蝠和海豚等动物利用回声定位能够探测到超声波范围内的声音。非洲的短耳三叶蹄蝠能感知高达212千赫的频率。

212 千赫

灰林鸮

"驼鸟的**眼球**比它的**脑**还要**大**一些"

味蕾之冠

斑点叉尾鮰具有鱼类中最强的味觉。它口部周围的触须每平方毫米有25个味蕾，身体其他部分也有味蕾。

宽吻海豚

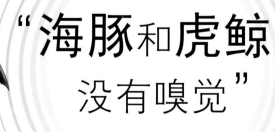

眼睛的数量

● 扇贝	110只
● 箱水母	24只
● 多腕葵花海星	24只
● 楔齿蜥	3只

紫外线感受器

和人类不同，蝎拥有6对眼睛。一对眼睛位于头部顶端，其下方是另两对略小的眼睛。近来有证据显示，蝎的外骨骼可能能探测到紫外线。

12 只眼睛

蝎

"**海豚**和**虎鲸**没有嗅觉"

“蝮蛇用口鼻部的热感受器定位猎物”

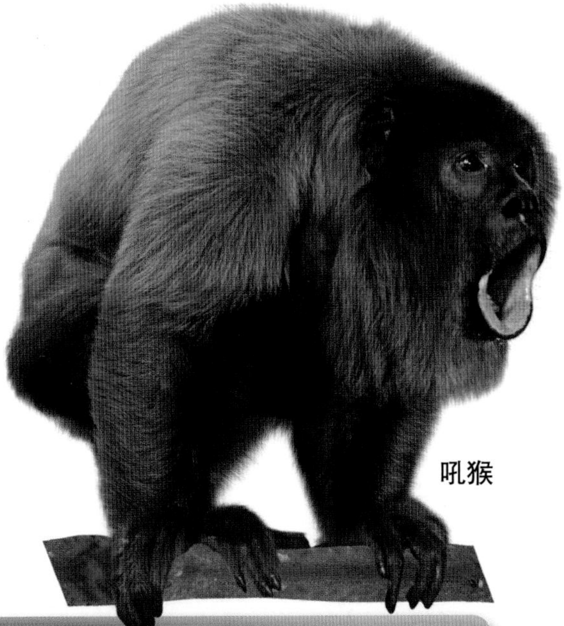
吼猴

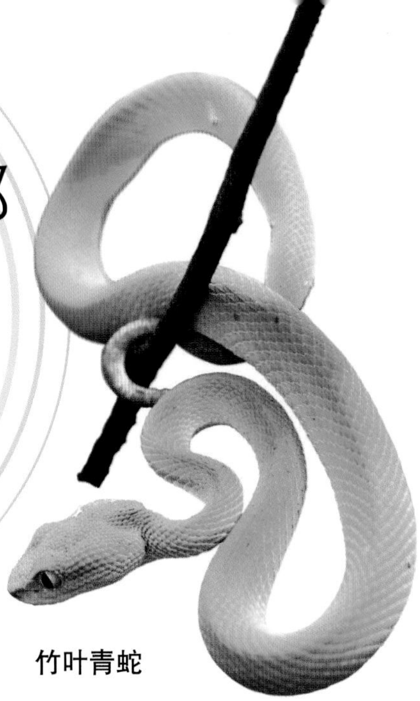
竹叶青蛇

高分贝叫声

枪虾	200分贝
蓝鲸	188分贝
划蝽	105分贝
吼猴	100分贝
油鸱	100分贝

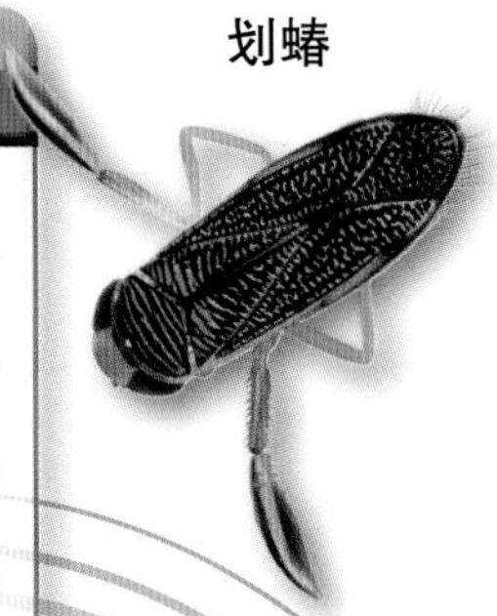
划蝽

亮闪闪的鱼

深海的灯眼鱼身体内的器官含有微生物，在微生物的作用下，灯眼鱼的身体能发出非常耀眼的光。

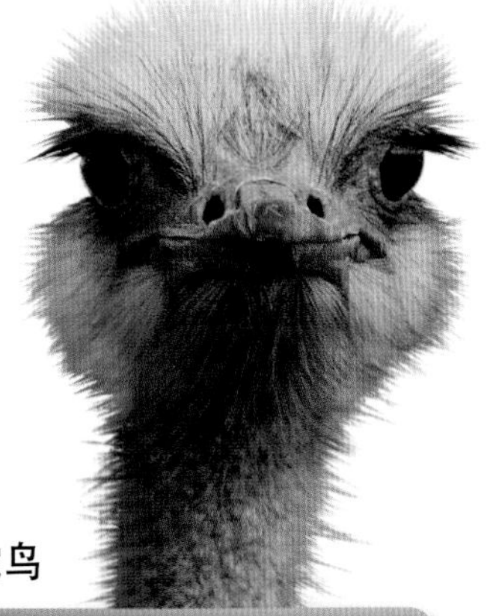
鸵鸟

哇哇叫的吵闹者

世界上最聒噪的两栖动物当属多米尼加树蛙。它们的学名“coqui”来源于繁殖季节高达100分贝、可分成两部分的叫声。“叩叩”（co）声用来警告其他雄性，而“奎奎”（qui）声则用来吸引雌性。

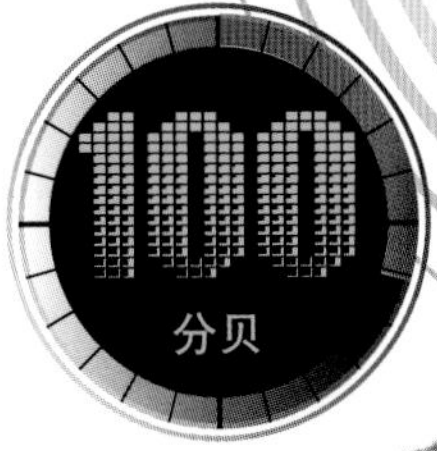

最大的眼睛

大王酸浆鱿	27厘米
蓝鲸	15厘米
鸵鸟	5厘米

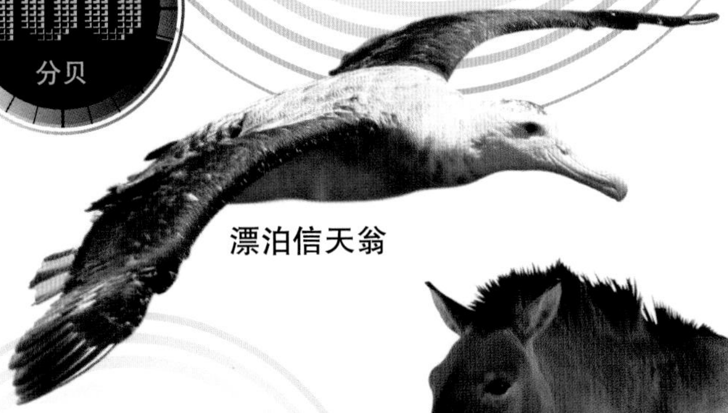
漂泊信天翁

眼睛能看到你

眼球最大的陆地哺乳动物当属马，它的眼球直径为4厘米。马的眼睛位于头部上方两侧，赋予马宽阔的视野，能让它们更早地发现即将到来的危险并快速逃离。

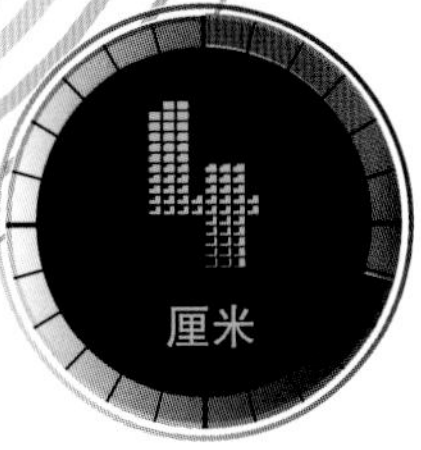

超级嗅探器

鸟类的嗅觉并不出众，但漂泊信天翁却能在20千米之外依靠嗅觉定位猎物。

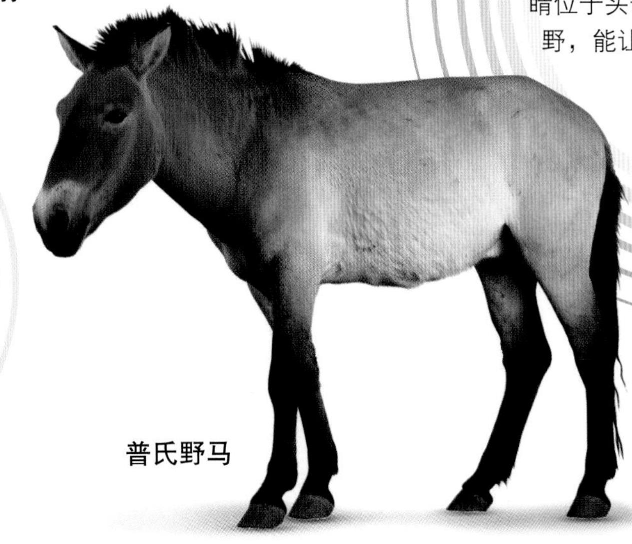
普氏野马

名词解释

败血症 由脓性细菌所引起的疾病。

濒危 物种在部分栖息地或全部栖息地面临灭绝的危险。

捕食者 捕捉和杀死其他动物的动物。

哺乳动物 长有毛发的温血的动物，通常以母乳喂养幼体。

肠 消化器官的一部分，形状像管子，上端连胃，下端通肛门。

超声波 指频率很高，人耳无法听到，但能被其他一些动物听到的声波。回声定位的声音属于超声波，蝙蝠和海豚利用回声定位来捕猎。

触须 生长在昆虫和甲壳动物头上长长的可移动的感觉器官，通常成对出现。

刺胞动物 无脊椎动物，有柔软的身体与带刺丝胞的触须，如水母或海葵等。

蛋白质 含有碳、氧和氮等元素的化学物质，是活的有机体的重要成分。某些蛋白质参与身体的重要机能，另外一些蛋白质则构成皮肤、毛发和肌肉等身体组织。

底土 表土层以下的土壤层。

毒液 一种由动物产生的并通过噬咬或蜇刺注入另一种动物体内的有毒物质。毒液通常用来捕猎或自卫。

断奶 让幼崽习惯于食用固体食物不再吸吮母体乳汁的过程。

繁殖 生育幼崽的过程。繁殖可以是有性的（包括交配和亲体基因混合），也可以是无性的（不经过交配或基因结合）。

反刍 偶蹄类的某些动物把粗粗咀嚼后咽下去的食物再反回到嘴里细细咀嚼，然后再咽下。

反荫蔽 身体背部的颜色深，腹部的颜色浅，如棱皮龟或鲨。可以帮助动物伪装以逃避来自上方或下方的捕食者。

分贝 声音单位，衡量相对人耳的强度和响度。几乎完全安静的环境为0分贝，汽车鸣笛声约为110分贝。

丰羽期 幼鸟刚刚可以离开巢穴，但尚不能飞翔，仍然需要依赖父母喂食的时期。

浮游生物 微小的有机体（通常在显微镜下才能观察到），如藻类、无脊椎动物和鱼类的幼体，它们浮在池塘和海洋的表面。

复眼 每只眼睛由很多小的晶状体视单元（即单眼）构成。很多节肢动物都具有复眼。

腹部 对昆虫来说，腹部是分为三段的中央躯体的末段。对脊椎动物来说，腹部即肚子，内部容纳着胃和肠。

感受器 能感知并对外界环境的刺激，如热量、接触、光线、声音或化学物质做出反应的一个或一群细胞。感受器位于皮肤或耳朵、眼睛和鼻子等感官中。

骨骼 支撑动物身体以及为肌肉附着点提供支撑的骨质框架或其他坚硬的部分。

害虫 给人类生存带来损害的动物。如危害庄稼的昆虫，有些动物专门捕食这些昆虫。

赫兹 用来计量声波频率的单位。频率越高，音量越高。人类可以听到20～20 000赫兹范围内的声音，而蝙蝠可以听到20～150 000赫兹范围内的声音。

呼吸 氧气进入身体、二氧化碳排出体外的过程，也用来描述当食物分子在氧气的帮助下被分解，并为所有身体进程释放出能量时，每个活细胞所发生的化学反应。

花蜜 蜜蜂和其他昆虫吸食花朵产生的甜美的汁液。

回声定位 蝙蝠和海豚等动物通过接收反射回来的声波或回声，对物体进行探测。

棘皮动物 具有棘刺皮肤的海生无脊椎动物，如海星和海胆。

脊椎动物 具有脊柱或脊椎的动物，脊柱由椎骨构成。

寄生物 寄生在其他生物（宿主）的体表或体内，从中获得庇护和食物的有机体。寄生物的存在对宿主来说通常是有害的。

甲壳 一些昆虫或甲壳类动物的身体覆盖着的坚硬外壳。

甲壳类动物 蟹、虾、土鳖虫等动物属于甲壳类动物，它们都长有一个坚硬的外壳和两对触须。

角蛋白 在毛发、羽毛、爪和角等中发现的坚硬的蛋白质。

节肢动物 无脊椎动物，如蝇和蟹。这类动物有分节的身体，分节的附肢，还有一个坚硬的叫作外骨骼的外壳。

卷握 能够盘绕并握住某个东西的能力，如海马和变色龙的尾巴能够卷握。

冷血动物 冷血动物，又称变温动物，动物体温的上升和下降都依赖于环境温度。它们通过晒太阳取暖，在阴凉处降温。爬行动物、鱼类、两栖动物和无脊椎动物都是冷血动物。

两栖动物 指冷血脊椎动物，如蝾螈或蛙。两栖动物的生命以幼体（通常被称为蝌蚪）的形式始于水中，长为成体时，开始呼吸空气，并且部分时间栖于陆地。

猎物 被捕食者杀死并吃掉的动物。

磷虾 像虾一样的小型海洋生物，是鲸和其他海洋动物的食物。

灵长类动物 猴、猿和人类等哺乳动物属于灵长类动物。所有的灵长类动物都长着前视的眼睛和能抓握的手。

领地 动物们针对同一物种中的其他敌手采取自我防卫的专有栖息地。

灭绝 当一个物种不再存活于地球上时即被认为是灭绝。一些动物为野外灭绝，意即这类物种的个体仅在人工饲养下存活。

年幼动物 尚不能进行繁殖的幼体动物。

啮齿动物 长有用来啃咬的特殊前齿的哺乳动物，如松鼠、河狸和水豚。

牛顿 衡量力量的标准国际单位。1牛顿是以每秒钟1米的速度推动重1千克物体所需的力量。

偶蹄动物 蹄呈双数，蹄足分为两部分来承担体重的动物，如鹿。

爬行动物 具有鳞状防水皮肤的冷血脊椎动物，如蛇、蜥蜴、龟和鳄。

喷水孔 指位于鲸、海豚、鼠海豚头顶上的呼吸孔或"鼻孔"，也指冰上的一个洞，水生动物由此换气。

频率 物体每秒振动的次数。声音频率就是发声源的振动频率。例如，吱吱的声音是高频高密度的声音，而隆隆的声音则是低频分散的声音。

栖息地 动物休息或居留的处所，通常在地平面以上的位置，如树上。

器官 能执行特殊任务的身体内部结构，例如，心脏由肌肉和神经组织构成，它的工作是将血液泵送到全身各处。

迁徙 根据季节变换，动物从一个地方迁移到另一个地方，通常是为了觅食和繁殖。

求偶期 动物吸引配偶的过程，通常采取跳舞、唱歌、喊叫、展示食物或者其他一些炫耀方式。

蛆 苍蝇的无腿的幼虫。

群体 一群动物聚集在一起生活，通常会相互依存。白蚁、蜜蜂、吸血鬼蚁均营群居生活。

热带 气候不随季节变化，在温度或降水量方面有所变化，位于地球赤道线北侧和南侧的地区。热带地区通常指位于南回归线和北回归线中间的地区。

妊娠期 从卵受精到动物出生的时间段。例如，人类的妊娠期为40周。

软体动物 无脊椎动物，具有柔软、富有肌肉的身体，通常外覆坚硬的外壳。蜗牛、蛤、蛞蝓、乌贼等都是软体动物。

若虫 昆虫幼虫的身体与成体外形相同，但没有翅膀。这类昆虫没有幼虫期也不会变成蛹，但在成长过程中会有几次蜕皮。最后一次蜕皮后会长出翅膀变为成体。

鳃 鱼类和其他水生动物从水中获取氧气的器官。

色素 能在皮肤、毛发、鳞和羽毛上显现颜色的化学物质。

神经系统 人和动物体内由神经元组成的系统，主要作用是使机体内部各个器官成为统一体，并能使机体适应外界的环境。

生境 动物或植物生存的自然环境。

生命周期 每一个生命体都要经历的发展变化，从受精卵发育到成体，直至死亡的过程。

食草动物 指以草和地面植物为食的动物。

食虫动物 指以昆虫为食的动物。

食肉动物 泛指一切以肉为食的动物。

视网膜 眼睛后部的光敏层，感受细胞在此收集可见信息并将其沿着视神经发送至脑。

苔原 北极冰盖和森林线之间无树的水平大陆，底土层常年处于冰冻状态。

瞳孔 位于动物眼睛前方的黑色圆形或狭缝状的孔，通过放大或缩小来控制进入眼睛的光线。

蜕变 某种动物从幼体形态到完全不同的成体形态的变化过程。如蝌蚪变成青蛙，毛虫蜕变成蛾。

蜕皮 对节肢动物来说，蜕皮意味着脱掉整个外骨骼以获得生长。对于脊椎动物来说，蜕皮是指皮肤、毛发和羽毛的脱落和重生。哺乳动物和鸟类的脱毛和换羽是为了保持良好的生存状态，为适应季节气候的变化或为了繁殖做准备。

唾液 口腔中腺体分泌的液体，能帮助咀嚼和吞咽。唾液包含身体化学物质，是消化的开始。有些动物的唾液中还含有毒素能杀死或麻痹猎物。

外骨骼 覆盖、支撑并保护着无脊椎动物的坚硬外壳，尤指节肢动物。

微生物 微小的生物体，需要借助显微镜才能看到。

伪装 动物皮肤或皮毛的颜色和条纹能帮助它们与周围环境融为一体。

温血动物 动物能通过体内化学反应的作用将体温维持在一定范围内，不受外界环境冷或热的影响。所有的哺乳动物和鸟类都是温血动物。

无脊椎动物 没有脊柱或脊椎的动物。

物种 指外形相同并能交互繁殖的动物群体，不同物种的动物不能相互繁殖。

稀树草原 热带或亚热带地区树木稀少的平原。

腺体 用来产生或者释放某种身体化学物质（如奶、汗，某些情况下为毒液）的器官。

象牙 象口中起修饰作用的门齿，在长出后失去珐琅质，只剩骨质物质，并会不断生长。

消化 将食物分解为可供机体吸收和利用的小分子物质。

信息素 动物释放的化学物质，用来与同种的其他动物交流。通常为留下线索、吸引配偶，或警告对手时释放。这种

方法常为独居动物所使用，如蛾、虎、大熊猫等。

胸部 节肢动物连接着腿和翅的中部身体。对具有四肢的脊椎动物来说，是颈部和腹部中间被肋骨所环绕的部位。

血管 携带并输送血液到全身的管道。分为3种类型：动脉、静脉和毛细血管。动脉将血液带离心脏，静脉将血液带回心脏。动脉和静脉间的毛细血管负责将血液中携带的营养物质和氧气输送到身体组织中，并且将组织间产生的二氧化碳和其他废物带走。

氧气 大气中的一种气体，能溶于水。大部分活着的有机体都需要氧气来完成呼吸。

夜行性 一种夜间离开栖息地出来活动或集群迁移的动物习性。

音高 声音的高低。

引进 一个物种被人类有意或无意地从某个地方引入其非自然栖息地。

营养 维持动物身体健康和成长所必需的物质。

蛹 又称作茧，是某些昆虫生命周期的中间状态，通常不能移动。

有袋动物 袋鼠等动物，它们的幼体以未发育完全的早期状态出生，需要在妈妈的育儿袋中吸吮乳汁长大。

有毒的 与毒液或毒素相关。通过某种动物的噬咬或蜇刺对其他动物可能造成中毒性的后果。

幼虫 动物的幼体状态，看起来与成体完全不同，如蛆、蛹、蝌蚪等。

雨林 气候温和，年降雨量特别丰沛的森林地区。

杂食动物 既吃肉又吃植物的动物。人类是杂食动物。

植食性动物 专门以植物为食的动物。

昼行性 一种白天外出活动夜晚休息的动物习性。

蛛形纲动物 以蜘蛛或蝎等为代表的动物，它们的躯体分为两个部分，有4对步足。

索引

致谢

Dorling Kindersley would like to thank: Jackets Development Manager Amanda Lunn; Lili Bryant for proofreading; Amy-Jane Beer for writing the introduction; Clive Munns at Montgomery Veterinary Clinic, Kent and Jane Hopper and Kerry Anderson at the Aspinall Foundation for help with picture research; Sakshi Saluja for additional picture research; Arijit Ganguly, Aanchal Singal, Jacqui Swan, and Duncan Turner for design assistance.

Picture Credits

The publisher would like to thank the following for their kind permission to reproduce their photographs:

(Key: a-above; b-below/bottom; c-centre; f-far; l-left; r-right; t-top)

Alamy Images: Blickwinkel 48, 92cl, John Cancalosi 18tr, cbimages 43br, 165br, Ethan Daniels 167tr, Gallo Images 47bl, Nick Greaves 174cl, Amar and Isabelle Guillen - Guillen Photography 150c, Hawkeye 1b, 146-147b, Hemis 196bl, B Holland 101c, Juniors Bildarchiv 59, 182bl, The Natural History Museum, London 42br, Gerry Pearce 4l, 18-19, 19br, Premaphotos 43cr, RBO Nature 238cl, Malcolm Schuyl 195, Ivan Synieokov 22c, tbkmedia.de 29r, travelbild.com 47tl, Mike Veitch 166c, Carlos Villoch – MagicSea.com 71tl, 84bl, A & J Visage 152-153, 228bl, Joe Vogan 124cl, Rob Walls 18bc, 42tr, WaterFrame 167, Wildlife 124bc, WoodyStock 185cb; **Ardea:** Brian Bevan 28cr, Jean-Paul Ferrero 111c, 221c, Francois Gohier 65r, 229tl, Tom & Pat Leeson 20, Adrian Warren 62-63; **Nick Athanas/Tropical Birding:** 58b; **Corbis:** All Canada Photos / Glen Bartley 139bl, All Canada Photos / Stephen Krasemann 7cr, Robert McGouey / All Canada Photos 50, Terry A. Parker / All Canada Photos 30-31, Tim Zurowski / All Canada Photos 52-53, Theo Allofs 38c, 48-49, 63c, Caspar Benson 8-9c, Hal Beral 242, Steve Bowman 142c, Siggi Bucher 80, Michael Callan 186cl, Visuals Unlimited / Ken Catania 232l, 232-233, Clouds Hill Imaging Ltd 85cr, Brandon D Cole 156cl, 157tr, Daniel J. Cox 114-115, Tui De Roy 22c, DLILLC 27c, 118tr, 119bc, 119br, 188-189, 222-223, 231bl, DPA 135c, 186-187, DPA / Bernd Thissen 68b, Richard du Toit 174tr, Nicole Duplaix 220cl, EPA / Sanjeev Gupta 60-61, Jan-Peter Kasper / epa 76-77, Stephen Frink 150-151,

Anthony Bannister / Gallo Images 208tr, Nigel J. Dennis / Gallo Images 127, Farrell Grehan 207, Rose Hartman 125tl, Martin Harvey 9c, 23bl, 66-67, 146c, Jason Isley – Scubazoo 144-145, Andrew Watson / JAI 70cr, M. Philip Kahl 174cb, Frans Lanting 38-39, 54-54, Joe Macdonald 60cl, Steve Maslowski 223tr, 235bc, Joe McDonald 52tl, 52c, 66bl, 138br, Mary Ann McDonald 23cb, MedicalRF.com 118bc, Minden Pictures / Ingo Arndt 35b, Minden Pictures / ZSSD 4r, 185tl, Thomas Marent / Minden Pictures 178, Momatiuk – Eastcott 36c, Arthur Morris 140cl, National Geographic Society / Paul Nicklen 36-37, David A. Northcott 66cl, Richard T. Nowitz 47br, Ocean 8bl, 100-101, 120cl, Robert Pickett 8bc, Radius Images 188tl, Radius Images / F. Lukasseck 124cr, Fritz Rauschenbach 238, Reuters 160, 226-227, 236bc, James Hager / Robert Harding World Imagery 35t, Jeffrey L. Rotman 85tl, Kevin Schafer 20-21, David Scharf / Science Faction 158-159, 239, Norbert Wu / Science Faction 156-157, 166cl, 166cr, 242-244, Anup Shah 113tr, 192-193, Brian J. Skerry / National Geographic Society 145c, Paul Souders 56-57, 190-191, Ron & Valerie Taylor / Steve Parish Publishing 88-89, Jeff Vanuga 15br, Visuals Unlimited 46tl, 80-81, 82-83, 90c, Visuals Unlimited / Alex Wild 208bc, 210-211, 211c, Visuals Unlimited / Andy Murch 84tr, Visuals Unlimited / David Watts 220-221, 221tr, Visuals Unlimited / David Wrobel 156br, 244br, Visuals Unlimited / Eric Tourneret 237cr, Visuals Unlimited / Reinhard Dirscherl 8cr, Wim Van Egmond / Visuals Unlimited 162tr, 212bl, 212r; **Dorling Kindersley:** Steve Gorton / Oxford University of Natural History 12bl, Thomas Marent 14br, Ian Montgomery 249cl; **courtesy of Ismor Fischer, photo by Sara Abozeid:** 64bl; **FLPA:** Ingo Arndt / Minden Pictures 187tr, Reinhard Dirscherl 148-149, Gerard Lacz 26-27, 32-33, Frans Lanting 188cb, Oliver Lucanus 90-91, Hiroya Minakuchi / Minden Pictures 228tr, Konrad Wothe / Minden 142-143, 182cl, Mark Moffett / Minden Pictures 13tr, 96cl, Matthias Breiter / Minden Pictures 9cl, Minden Pictures / Albert Lleal 237bc, Minden Pictures / Grzegorz Lesniewski 186bl, Minden Pictures / Patricio Robles Gil 120-121, Mitsuaki Iwago / Minden Pictures 173cr, 173b, Piotr Naskrecki / Minden Pictures 129cr, Thomas Marent / Minden Pictures

34bl, ZSSD / Minden Pictures 60tr, 61cr, Ariadne Van Zandbergen 104-105; **Getty Images:** Altrendo Nature 99t, Pete Atkinson 102-103, Anthony Bannister 126-127, Jonathan Blair / National Geographic 110-111, Tom Brakefield 172c, Mark Carwardine 123c, Mark Carwardine / Peter Arnold 54c, Mark Conlin 155tl, Stephen Dalton 133bc, Danita Delimont 99br, Carol Farneti-Foster 147tc, 147tr, Kelly Funk 140-141, Karen Gowlett-Holmes 89c, David Haring / DUPC 122-123, Thomas Kitchin & Victoria Hurst 23br, 31, S.J. Krasemann 180c, Rene Krekels 240-241, Jens Kuhfs 199, Laguna Design 213tr, 213l, Frans Lemmens 183tr, Wayne Lynch 222cl, Thomas Marent 241, Mark Miller 15tl, 247t, Michael & Patricia Fogden / Minden Pictures 176-177, Michio Hoshino / MInden Pictures 180-181, Minden Pictures / Kevin Schafer 225cr, Minden Pictures / Richard Herrmann 198-199, Piotr Naskrecki / Minden Pictures 224-225, Eastcott Momatiuk 57, Morales 105, National Geographic / Ed George 65tl, National Geographic / Joel Sartore 172-173, National Geographic / Tim Laman 58tr, 130-131, Oxford Scientific / Steve Turner 18cl, Panoramic Images 208, Andrea Pistolesi 129br, Mary Plage 98c, Jeff Rotman 214cl, Luis Javier Sandoval 86-87, James R. D. Scott 148, Jami Tarris 179cr, Tier Und Naturfotographie J & C Sohns 173tr, David Tipling 230cl, Roy Toft 128c, Damian Turski 147tl, Visuals Unlimited / Alex Wild 95c, Stuart Westmorland 86c, Winfried Wisniewski 191; **Andrea Hallgass:** 94-95; **imagequestmarine.com:** 200, 200-201; **naturepl.com:** Eric Baccega 184bl, Philip Dalton 206-207, Nick Garbutt 130cl, 136cl, Sandesh Kadur 61tr, David Kjaer 50-51, Bence Mate 1t, 146-147, Gavin Maxwell 204-205, 205, Nature Production 160-161, Fred Olivier 189br, Roger Powell 194-195, Roberto Rinaldi 102c, Andy Rouse 134-135, David Shale 83c, Martin H Smith 29b, Kim Taylor 236cl, Nick Upton 176c, Tom Vezo 223cr, Bernard Walton 227cr; **NHPA/ Photoshot:** Anthony Bannister 164bl, Stephen Dalton 147ftr, Gerard Lacz 228-229, Jonathan & Angela Scott 71cr; **Christine Ortlepp:** 156bc; **Press Association Images:** AP Photos / Christopher Austin 75; **Rex Features:** © 2012 Rittmeyer et al. 74-75; **Dario Sanches:** 59t; **Science Photo Library:** David Aubrey 139br, CDC 158, Eye of Science 202cl, 202bl,

202-203, 203tl, Andy Harmer 139t, George Holton 8-9, Rexford Lord 64tl, Andrew J. Martinez 244, William H. Mullins 70bl, Louise Murray 96-97, Nature's Images 203cr, 239tr, Simon D. Pollard 93br, James H. Robinson 245, Paul Zahl 245br; **SeaPics.com:** 44-45, 247br.

Jacket images: Front: Dorling Kindersley: Twan Leenders br, cl, Paignton Zoo, Devon l; **Dreamstime. com:** Isselee cb, bc, Jagronick c; **Getty Images:** Stone / Art Wolfe cr; **NHPA/ Photoshot:** Stephen Dalton tc; **Back: Alamy Images:** H Lansdown cla; **Corbis:** Ocean cra; **Dorling Kindersley:** Peter Minister fclb; **Dreamstime.com:** Amwu br, Jocic tl; **Getty Images:** Karen Gowlett-Holmes cl, Stuart Westmorland cr; **Andrew Kerr/.dotnamestudios:** c; **naturepl. com:** Bence Mate tr; **Spine: Dorling Kindersley:** Paignton Zoo, Devon t; **Dreamstime.com:** Olga Bogatyrenko b; **Endpapers: Corbis:** Martin Harvey (front); **Science Photo Library:** Chris Sattlberger (back).

All other images © Dorling Kindersley
For further information see:
www.dkimages.com